世界一わかりやすい

腕時計のしくみ

【人気ブランド 傑作モデル編】

高木教雄

世界文化社

はじめに

まだパンデミックのさ中の2022年3月8日、「腕時計のしくみの本」を作りませんか？と、世界文化社の中里 靖さんから打診された時には、シリーズ化されるとは、夢にも思っていなかった。

そして当たり前に人と集えるようになると、時計ファンやブランド関係者、時計技術者などから、「〝しくみの本〟で勉強しています」と、声をかけられたことがたびたびあって、心から嬉しくもあり、また自分ももっと時計を勉強せねばと改めて決意した。

第3弾となる本書では、30の時計ブランドから、アイコニックな機構をそれぞれ1つピックアップして、そのしくみを極力噛み砕いて解説することに挑んだ。紹介する大半が、オリジナルのメカニズムである。

前作の「複雑時計編」以上に知識欲が刺激され、
理解が進むにつれて、設計者の頭の良さに感服した。
そして大学で学んだ機械工学から逃げ、
物作りをあきらめた過去の自分を振り返り、
ちょっと恥ずかしくもなった。
突出した才能が、機械式時計をかくも個性豊かにし、
未来に伝えるべき文化にまで育て上げたのだと、
読者に少しでも感じていただければ、望外の悦び。
まだまだ興味深いオリジナル機構は、いくつもある。
機械式時計の沼は、どこまでも深い。
過去2作と同じく編集担当の市塚忠義さんが、
紹介するブランドとモデルを決めてくれ、
写真・図面・レイアウトを手配してくれた。
本当に、ありがとうございました。
そして多くの時計ブランドに、ご協力いただきました。
心より、感謝いたします。

髙木教雄

A.ランゲ＆ゾーネのムーブメントは、ここまでのアップに耐えられるほど、入念極りない手仕上げが、隅々にまで行き亘っている。

世界一わかりやすい
腕時計のしくみ
【人気ブランド 傑作モデル編】

目次

アイコン機構にも貢献した22人のキーパーソン

時計の歴史に刻まれる重要人物

時計ブランドを象徴する、唯一無二のアイコン機構。
時計史に刻まれる大発明の裏には、必ずそのプロジェクトに尽力した時計師やキーパーソンが存在する。ここでは、今回取り上げた30のアイコン機構に、心血を注いだ人物を厳選して紹介。

01

ジョージ・ダニエルズ

George Daniels

(1926〜2011)

機械式時計の未来を変える コーアクシャル脱進機を発明

イギリス・ロンドン生まれ。ノーサンプトン工芸専門学校を卒業後、時計修理工として働く。40歳頃から自らの名を冠した時計製作を開始し、1978年に、コーアクシャル（同軸）脱進機を考案した。これは、アンクルのツメとガンギ車との摩擦を最小限に軽減したシステムで、潤滑油をほとんど必要とせず、脱進機の安定した精度を実現した革新的な機構だった。1999年にはオメガとの共同開発により、コーアクシャル脱進機の量産化に成功。機械式時計の未来を変える衝撃的な出来事だった。

リヒャルト・ランゲ

Richard Lange

(1845〜1932)

ランゲファミリーの中でも 群を抜いた発明家

優秀な時計師を輩出したランゲ一族のなかでも、一番の発明家で、優秀な科学者。数多くの特許技術を開発することによって、デッキウォッチの計測技術の発展に大きく貢献した。18 世紀および19世紀にかけて多くの科学者や研究者、探検家にとって必要不可欠となった高精度計器には高い精度と視認性、そして堅牢性が求められていたが、それらに最も貢献した人物がリヒャルト・ランゲだった。彼は精密時計の精度向上に多大な貢献をし、27件もの特許を出願している。

03

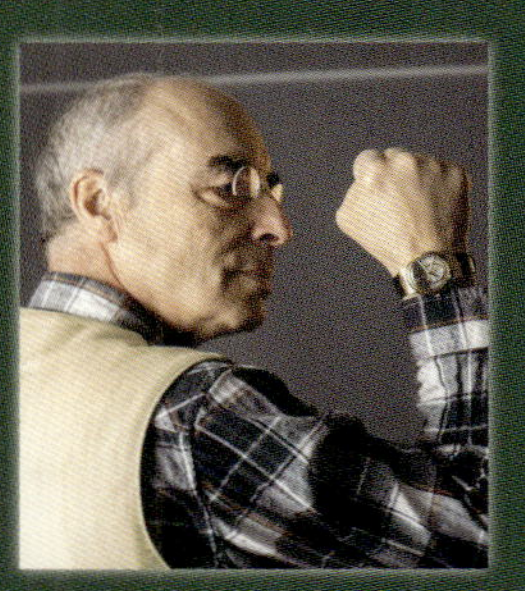

ルードヴィッヒ・エクスリン
Ludwig Oechslin

ユリス・ナルダンの驚異の天文時計を製作

大学時代に時計の製作技術や時計学理論を学んだルードヴィッヒは、バチカンの天文振り子時計を修復するなど、時計学理論にあらゆる学問を取り入れた時計製作に没頭。また、当時ユリス・ナルダン社長だったシュナイダー氏の依頼によって、1985年、驚異の天文時計「ガリレオガリレイ」を完成させる。この革新的モデルの登場が、機械式時計再ブームの1つのきっかけとなった。時計学理論のほかに天文学や哲学、理論物理学なども学び、博士号も取得。2001年には驚愕機構の「フリーク」を開発した。

04

ジャック・ダヴィド・ルクルト
Jacques-David leCoultre
(1875~1948)

ケースとムーブメントの品質に貢献した人物

誰もが認める角型時計の永世定番のタイムピース「レベルソ」の誕生当時、ルクルト社の取締役であったのがジャック・ダヴィド・ルクルト。創業者アントワーヌ・ルクルトの孫である彼は、さらなる躍進を目指し、パリの時計職人エドモンド・ジャガー率いるジャガー社と提携。ジャガー社製のケースにルクルト社製のムーブメントを搭載して、ルクルト銘の時計を販売していた。ジャガー社とルクルト社は、1917年に合併し、1937年に社名が「ジャガー・ルクルト」に変更された。

05

アルバート・ペラトン
Albert Pellaton
(1832~1914)

画期的な自動巻き機構のペラトン・システムを開発

1944年、テクニカルディレクターとしてIWC社に迎え入れられる。1940年代後半に独自の自動巻き上げ機構を開発。この機構は、彼の名に因み「ペラトン・システム」と命名された。ハートカムの偏心運動により効率よくゼンマイを巻き上げる画期的な機構として登場したペラトン・システムは、傑作メカとして名高い「キャリバー 85」などに搭載され、1970年代まで製造された。この巻き上げ機構は、2000年にIWCが発表した新ムーブメント「キャリバー 5000」で復活している。

06

フランク ミュラー
Franck Muller

誰も思いつかない楽しませる複雑機構

ラ・ショー・ド・フォン生まれ。時計学校在学中より頭角を現し、3年間で履修すべき単位を1年で取得。卒業後も大手時計メーカーからの誘いを断り、独立した活動の道を歩む。1986年、市販モデルでは世界初のトゥールビヨン腕時計を発表。1992年、自らの名を冠したブランドを設立した。その後もトリプルタイマーやルーレットウォッチなど個性派モデルを次々と発表。2003年には、時計表示の概念を覆したクレイジー アワーズを発表するなど、スイス時計業界に刺激を与え続けている。

07

フィリップ・スターン
Philippe Stern

パテック フィリップの
現名誉会長

1949年にパテック フィリップが「ジャイロマックス・テンプ」の特許を取得した当時、まだ10代であったフィリップ・スターン。父アンリ・スターンの後を継ぎ、1993年に社長に就任すると、伝統を継承しつつ未来に向けた革新的な時計作りを推進し、1996年にはジュネーブ郊外に最新設備を整えた大型工場を設立した。"最高"のものを守り続けることは、常に未来に向けて前進すること」を信条とし、比類なき技術力を示す革新的モデルを世に送り続けている。

08

ロジェ・デュブイ
Roger Dubuis
(1938〜2017)

ジュネーブ伝統の
超複雑時計の伝承者

時計産業の聖地、ジュネーブの伝統をオマージュした時計作りを目指したコンプリケーション・ウォッチの専門家。スイス・ローザンヌ近郊に生まれる。ジュネーブ時計学校を卒業後、ロンジンに入社。その後パテック フィリップに移り、コンプリケーションの専門家として名声を得る。1980年に自身の工房を設立し、1996年よりコレクションを発表。ロジェ・デュブイ独自のコンプリケーション「ダブル・トゥールビヨン」など、同社の超複雑モデルの基盤を作った人物。

09

服部金太郎
Hattori Kintaro
(1860~1934)

気骨にあふれた企業家精神で
セイコーを創業

日本の時計産業をリードしてきたセイコーの生みの親。商売に志を立てた服部は、京橋の洋品雑貨問屋で奉公中、近くの時計店が繁盛していることに目をつけ、13歳で時計商を思い立つ。その後、時計店で修理と販売の技術を学び、1881年に服部時計店を開業した。さらに1887年に銀座に進出。1892年には時計製造工場「精工舎」を創設し、本格的に時計の製造をスタートさせた。そして1913年には、国産初の腕時計「ローレル」を発表。こうして着実に"世界のセイコー"へと歩んでいった。

10

ヴィンセント・カラブレーゼ
Vincent Calabrese

ムーブメントを自在に操る
異色の天才時計師

イタリア・ナポリに生まれる。その後1961年に、スイスに移住。1977年に独立し、ローザンヌに工房を設立した。トゥールビヨンと同じく重力による姿勢差を補正するカルーセル(フランス語で回転木馬)を1分周期とし、腕時計で実現。脱進調速機をケージ(カゴ)に入れてカゴを回転させるトゥールビヨンとは異なり、プレートにセットして回転させるため、この名称がついた。ブランパンは2008年、時計師ヴィンセント・カラブレーゼによってこの機構を復活させることに成功している。

11

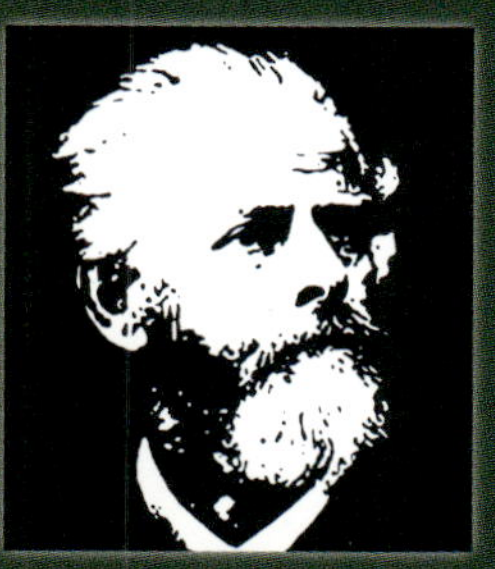

コンスタン・ジラール

Constant Girard

（1825~1903）

革新性を追求する GPスピリットの原点

生粋の時計職人だったコンスタンは、1852年、ラ・ショー・ド・フォンに時計会社を設立。1856年に社名をジラール・ペルゴとし、持ち前のパイオニア精神で、次々と革新的な時計を開発していった。1867年にスリー・ゴールドブリッジトゥールビヨンを発表。1880年には腕時計を製作し、ドイツ海軍に納入したという記録も残されている。コンスタン死後の1906年、ジャン・フランソワ・ボットが 1791年に設立した時計工房を譲り受け、現在のジラール・ペルゴへと発展していった。

12

ジュール＝ルイ・オーデマ
Jules-Louis Audemars
（1851～1918）

エドワール＝オーギュスト・ピゲ
Edward-Auguste Piguet
（1853～1919）

複雑時計の傑作を生んだ 卓越したふたりの才能

ジュール＝ルイ・オーデマ（左）とエドワール＝オーギュスト・ピゲ（右）は、ともに同じ小学校に通った竹馬の友。オーデマ ピゲのスタートは、1875年にすでに時計工房を開いていたジュール＝ルイ・オーデマが、時計職人のエドワール＝オーギュスト・ピゲに仕事を発注したのがブランド名の由来。互いの情熱を認め合い、共同で複雑時計の開発に取り組む決意をすると、1889年に開催されたパリ万博では超複雑懐中時計の「グランドコンプリカシオン」を発表。その後も時計史に残る名作を残した。

13

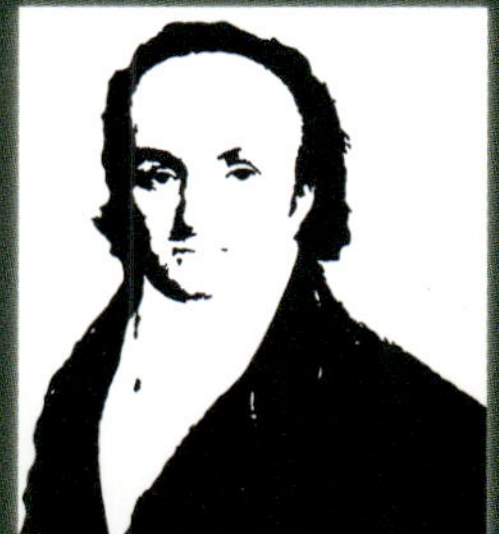

アブラアン-ルイ・ブレゲ

Abraham-Louis Breguet

（1747~1823）

数多くの発明で時計の歴史を 2世紀早めた“時計の神様”

1775年、フランスのパリ・シテ島に工房を開設。1780年に自動巻き機構を開発し、その後も巻き上げ式ひげゼンマイやトゥールビヨン、ゴングスプリング方式のミニッツリピーター、スプリットセコンド・クロノグラフなど、画期的な機構を次々と開発していく。さらにブレゲの発明は、ブレゲ針やブレゲ数字など、デザイン面にまで及び、ギヨシェを初めて時計に応用した。また、多くの職人を束ねて時計を製作するシステムを確立し、王侯貴族らの顧客を獲得するなど経営的な才能も発揮した。

14

ジャン・クロード・ビバー

Jean-Claude Biver

名門ブランドを 再建した手腕の持ち主

1949年ルクセンブルク生まれ。オーデマ ピゲを経て、オメガ社長に就いていた1982年ブランパンを買収し、機械式時計の復興を先導。1992年にスウォッチ グループのマネージメントメンバーに。2003年同グループを辞し、2004年ウブロCEOに就任、再活性化を成功させる。2008年LVMH傘下となった後もウブロCEOを務め、2014年LVMHグループ ウォッチディヴィジョン プレジデントに就任し、ウブロ、ゼニス、タグ・ホイヤーの指揮を執る。2022年、自身のブランド「BIVER」を設立。

15

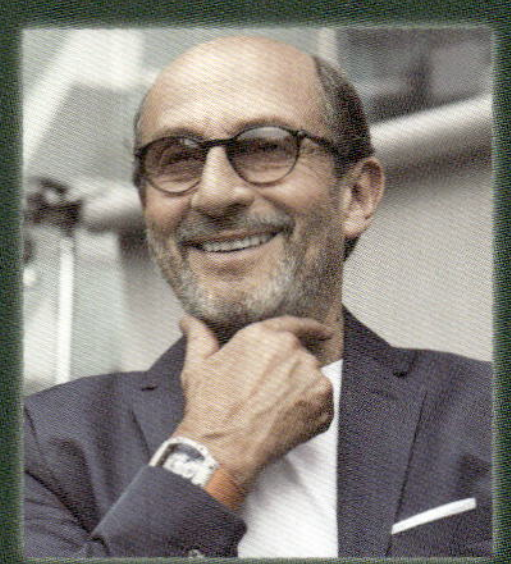

リシャール・ミル
Richard Mille

一切の妥協を許さない 天才的なコンセプター

1951年生まれ。さまざまな有名時計ブランドのビジネスに関わり、1990年代には高級ジュエラー「モーブッサン」のウォッチ部門の責任者およびジュエリー部門のCEOを務める。さまざまなウォッチブランドの要職を歴任した後、2001年にリシャール・ミルを設立。2007年のGPHG（ジュネーブウォッチグランプリ）では、トゥールビヨンを搭載したRM 012が「金の針」賞を受賞した。現在、ブランドの舵取りを任されているのは、次期CEOの息子アレクサンドル・ミル。

16

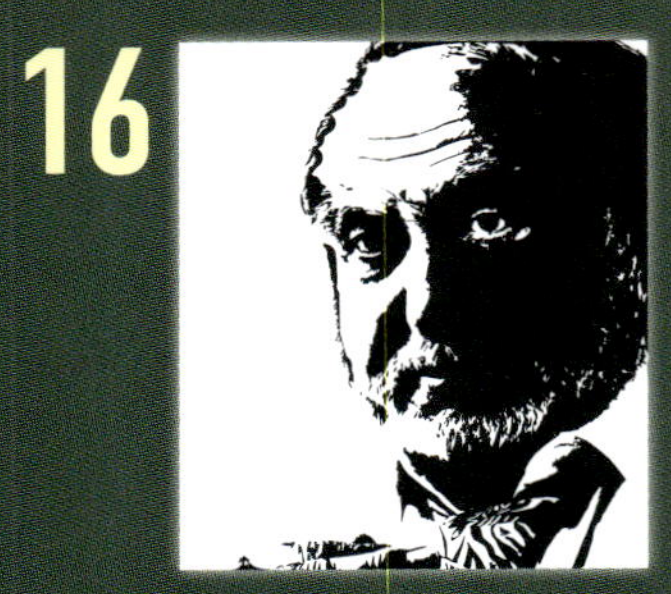

ニコラス・G・ハイエック
Nicolas G.Hayek
(1928~2010)

スイス時計産業界に 君臨した時計王

クォーツの普及により不振に陥っていたスイス時計産業を救うべく立ち上がったのがハイエックだった。彼は1983年、時計メーカーやムーブメント製造会社など多数の企業を含む巨大なスウォッチ グループを創設。1999年にはブレゲやジャケ・ドローなどを買収。その後はグラスヒュッテ・オリジナルなどもメンバーに加わり、17の時計ブランドと160以上のファクトリーを有する同グループの会長として、ハイエックはスイス時計界に絶大な影響力を得ていた。2010年逝去。

17

ウィリー・ブライトリング
Willy Breitling
(1913～1979)

パイロットのニーズに 的確に応えた3代目

1952年、ウィリー・ブライトリングは平均速度、移動距離、燃料消費量、上昇率など、パイロットが必要とする計算を行える腕時計型クロノグラフの開発に着手。クロノマットの対数回転計算尺を航空用にアレンジし、グローブをはめたままでも操作しやすいように小さなビーズをあしらった回転ベゼルに組み込んだ。2年後、このデザインが世界最大のパイロットクラブである国際オーナーパイロット協会（AOPA）の公式タイムピースに採用された。このタイムピースが後の「ナビタイマー」である。

18

ハインリッヒ・モーザー
Heinrich Moser
(1805～1874)

シャフハウゼンを 近代化させた時計師

1805年に生まれたハインリッヒ・モーザーは、シャフハウゼン州公認のマイスター時計師であった祖父ヨハネスや父エルハルトというふたりの偉大な時計師の薫陶を受けて育ち、スイスのル・ロックルで時計師としてのキャリアをスタート。ほどなく彼は実際にロシアに渡って、サンクトペテルブルグにH.モーザー社（H.Moser & Co.）を興した。ロシアから帰国した彼は、ライン川の豊富な水量を利用して水力発電所を建設し、故郷シャフハウゼンの近代化に貢献した。

19

赤羽好和

Akahane Yoshikazu

（1945～1998）

未来の機械式時計を
夢みること20年

スプリングドライブの始まりは1977年。当時の諏訪精工舎（現在のセイコーエプソン）に在籍していた赤羽好和によってその開発計画がスタートした。目標は機械式時計のぜんまいによる駆動とクオーツの高精度を融合して「理想の時計を作る」こと。着想から20余年の開発期間を経て、1999年に最初のスプリングドライブが商品化され、その夢は実現した。2004年には、高効率の自動巻きと持続時間72時間を実現させ、初のグランドセイコー専用スプリングドライブ「キャリバー 9R65」が誕生。

フランソワ-ポール・ジュルヌ

François-Paul Journe

超絶機構のレゾナンスで
比類なき独創性を発揮

顧客の注文によって、個々の時計を自らの工房でデザインし、すべての部品からたったひとりで作り上げることのできる、数少ない職人のひとり。1985年、フランソワ-ポール・ジュルヌはパリのヴェルヌイユ通りで、時計コレクターのために複雑時計の製作を始めた。1999年にはジュネーブに会社を設立して本格的なオリジナルコレクションの製造を開始。1つの香箱で2つの輪列を動かし、共振システムを応用したレゾナンスは、ジュルヌの才能を世に広く知らしめた超絶機構だ。

21

ヴァランタイン・ピアジェ

Valentin Piaget

（1899～1960）

スタイルを確立した
メゾン中興の祖

兄であるジェラルド・ピアジェとメゾンを率い、腕時計の薄型化に尽力。1957年には同社の薄型ムーブメントの代名詞ともなった手巻きのキャリバー 9P（厚さはわずか2㎜で当時の世界最薄を樹立）を開発。1958年にはマイクロローターを考案し、翌年に特許を取得すると厚さ2.3㎜の極薄自動巻きキャリバー 12が完成する。このキャリバーも当時の自動巻きとしては世界最薄を誇った。またデザイナーとしても才能を発揮し、薄型ドレスウォッチというメゾンの方向性を決定づけた。

22

シャルル・ベルモ

Charles Vermot

（1920～2003）

ゼニスの傑作ムーブメント
「エル・プリメロ」を開発

20世紀の傑作自動巻きクロノグラフ・ムーブメントと言われるゼニス「エル・プリメロ」開発当時の時計製造主任。1960年代、毎時３万6000振動を誇るハイビートクロノグラフの開発に尽力した。1970年代に入り、クォーツ時計の波がスイス時計産業を襲い、アメリカ人の新しいオーナーによってエル・プリメロの生産終了が決定されたとき、彼は設計図や金具などを工房の屋根裏に密かに隠しておいた。この大胆な行動なしには、最高峰クロノグラフ・ムーブメントの復活はなかったと言われている。

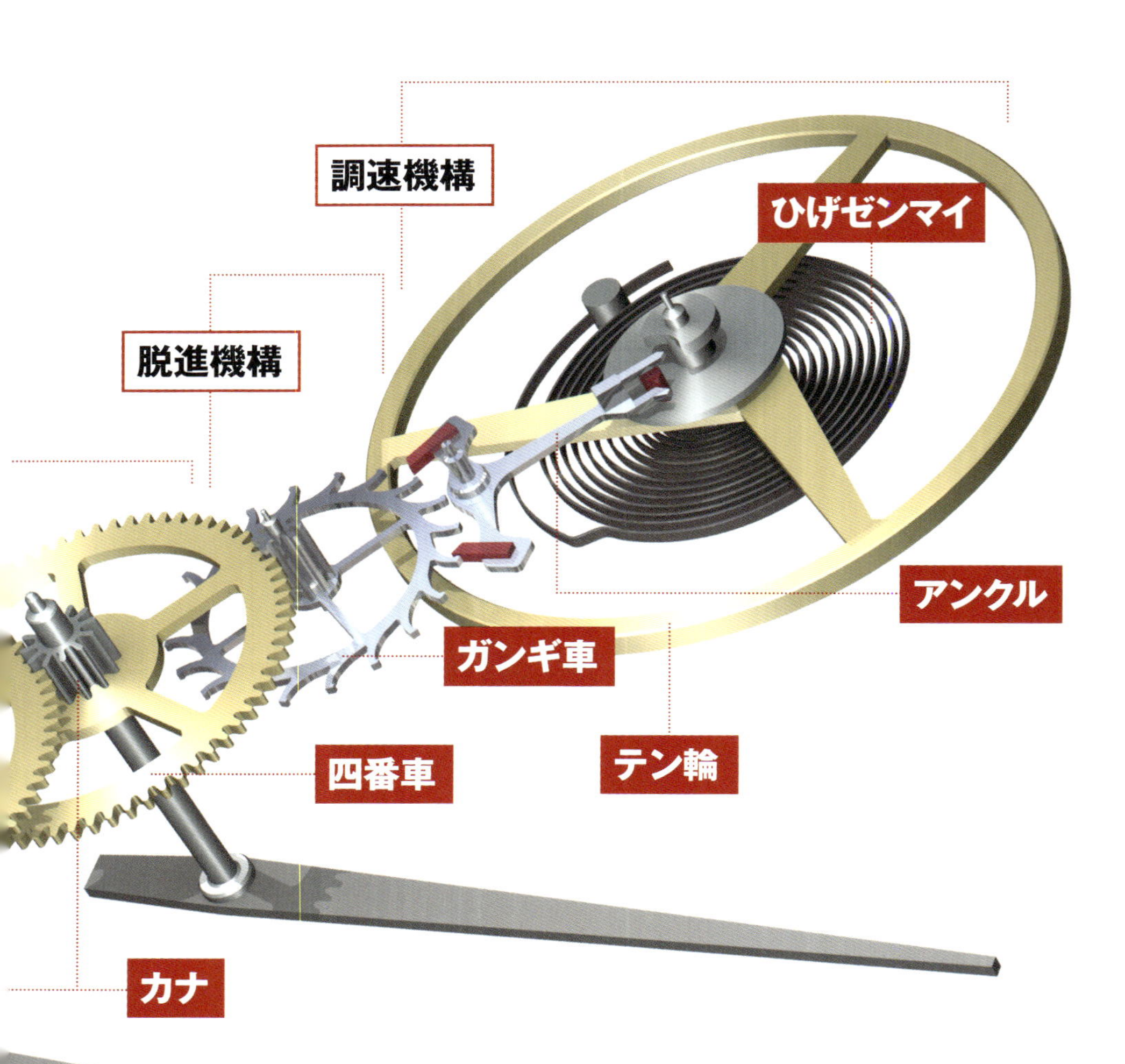

動力伝達と制御が往復する

時計の基本輪列のしくみは、このように図示できる。

中に収めたゼンマイが巻き戻ることで、香箱は回る。輪列機構の各歯車は、同じ軸上に組み合わされたカナという小さな歯車に噛み合い、上下に重ねることで省スペース化を図っている。また大きな歯車で小さなカナを回すため、回転は順に速まる。ゆえに増速輪列とも呼ばれる。図のような基本的な構造の場合、香箱の回転は、二番車では1周60分に、四番車は1周60秒に増速される。

輪列機構により駆動力はガンギ車のカナに至る。ガンギ車はアンクルを動かし、その動きに準じてテンプが振動。と同時に、アンクルはテンプの振動周期に合わせてガンギ車を止める・進めるを繰り返し、すべての歯車の回転速度を正確に制御する。

アイコン機構を知る前に

機械式時計の基本原理

ゼンマイによる動力を輪列で伝達し、
テンプの振動と脱進機とで調速・制御する。
ほとんどの機械式時計はこの原理で動いている。

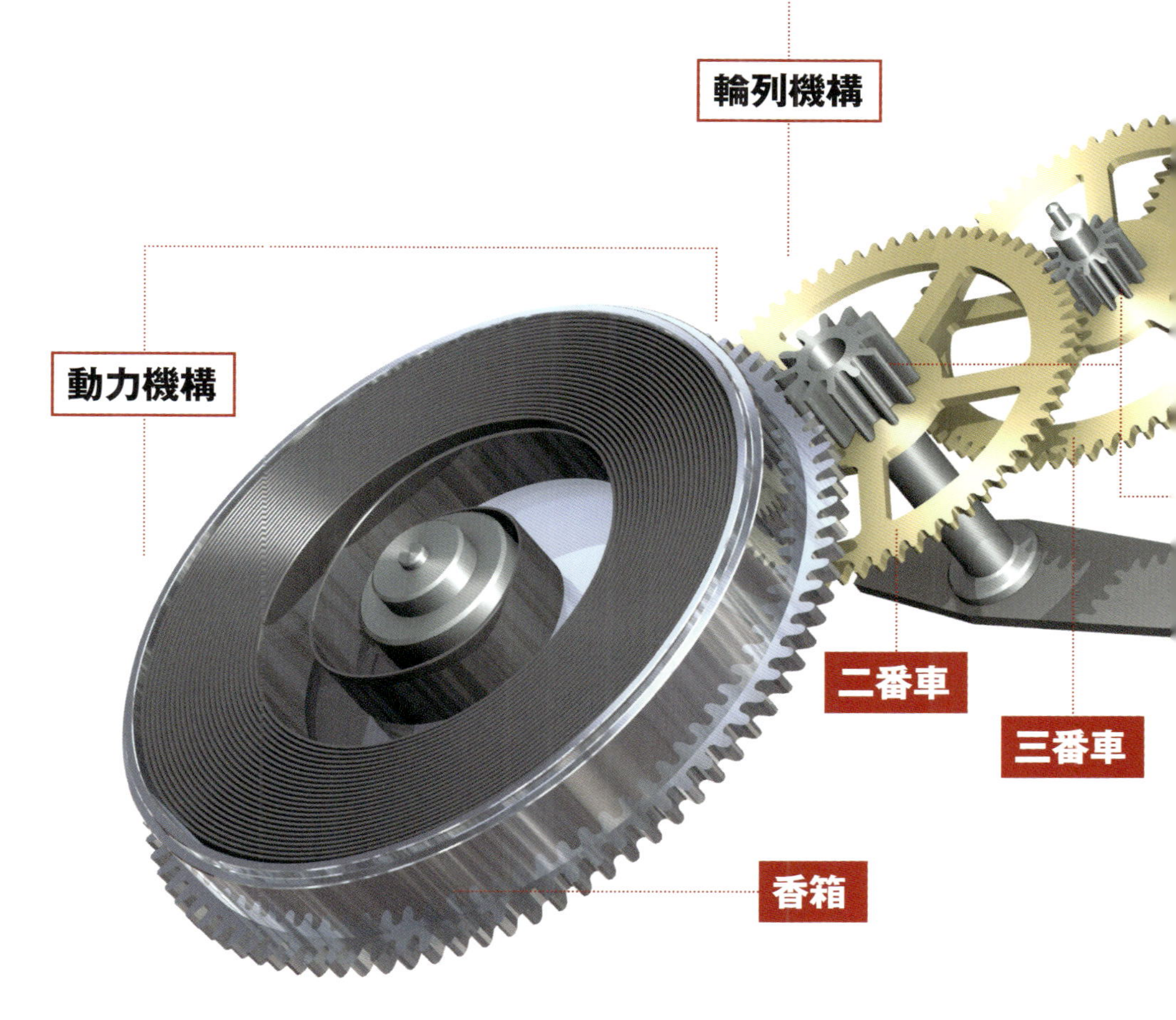

OMEGA ● オメガ

コーアクシャル・エスケープメント

伝達ロスが少なく安定した精度を追求

英国人天才時計師の大発明

オメガを象徴する技術の1つであるコーアクシャル・エスケープメント（脱進機）は、そもそもは英国人独立時計師ジョージ・ダニエルズによる発明であった。彼は1974年、2つのガンギ車を並列に配置し、用いることで高効率化を図った独立二重脱進機を考案。そしてそれを小型化するために各ガンギ車を〝同軸〟に重ねる構造とし、80年に特許を取得した。それが上の図・写真。コーアクシャルとは、同軸との意味だ。

コーアクシャル・エスケープメントのココがすごい！

アンクルとガンギ車とでテンプに駆動伝達するため高効率。またツメ石とガンギ車との接触面が小さく、摩擦が軽減される。

オメガによる第一世代のコーアクシャル脱進機。形状が異なる大小2つのガンギ車が同軸に重なり、アンクルには3つのツメ石が備わる。いずれも形が複雑。

この機構をダニエルズは、複数のブランドに提案した。しかし当時の工作機械の性能では、形が複雑なガンギ車とアンクルを量産するのが困難だと採用が見送られてしまう。そうした中で唯一、導入を決断したのが、オメガだった。'99年に初のコーアクシャル脱進機搭載モデルを発表。現在では、全モデルに採用している。

コーアクシャル・エスケープメント
搭載モデル

コンステレーション

高精度追求を象徴するコレクションからの1本。ローマンインデックスを刻むベゼルは1982年から続くデザインコードだ。現行のコーアクシャル脱進機は1万5000ガウスの超高耐磁。自動巻き。径41㎜。18KYGケース。アリゲーターストラップ。

一般的なスイスレバー式とコーアクシャルの違い

OMEGA 01/30

スイスレバー式エスケープメント

アンクルの形状から、別名クラブトゥース（カニのツメ）脱進機。部品点数が少なくコンパクトにでき、効率も十分に高いことが、もっとも広く普及した理由だ。発明者は、不明。

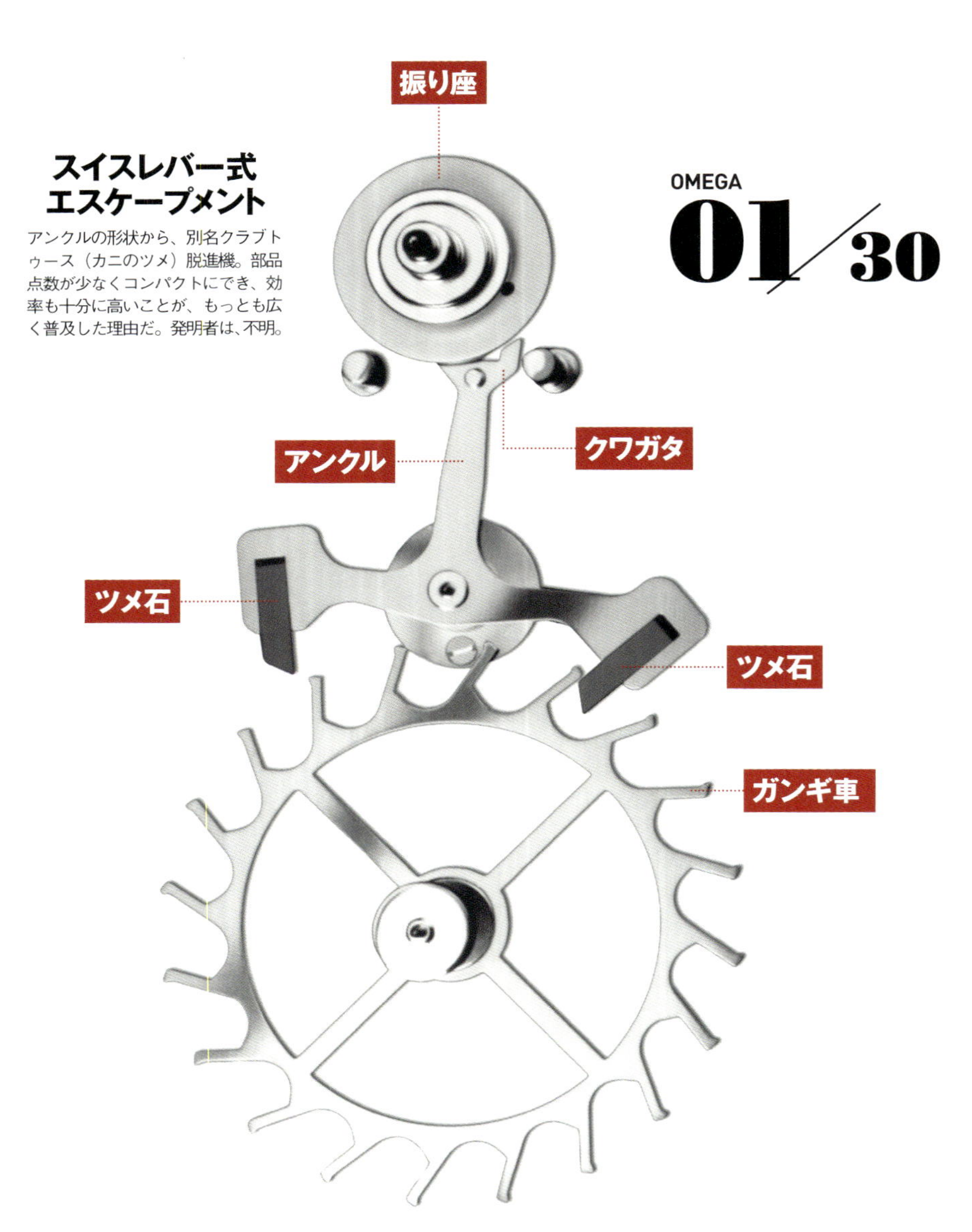

スイスレバー式は、アンクルがテンプが載る振り座の振動に応じてシーソー状に動き、左右のツメ石が順にガンギ車の回転を止め、制御するしくみ。そしてアンクルが外れる際、ツメ石の斜面がガンギ車の歯先に載って押し上げられ、上面を滑るように動くことでクワガタが振り座に備わる振り石を蹴り、振動を促す。この時大きな摩擦が生じるため、潤滑油は不可欠。

対してコーアクシャル脱進機のアンクルに備わる3つのツメ石は、左右が第一ガンギ車の制御（停止）を、中央が第二ガンギ車からの駆動力伝達を担う。さらにクワガタに加え、第一ガンギ車も振り座ツメ石を打つため、駆動効率がはるかに高まる。ツメ石と歯先は、点で接触するだけ。摩擦は、限りなく小さい。

コーアクシャル・エスケープメント

第二ガンギ車は、中間車に噛合して駆動力を受けるカナでもある。このオメガによる第1世代の第一ガンギ車の直径は、2.25㎜。製作には当時最高レベルの加工技術が必要だった。

オメガのアイコン機構 **コーアクシャル・エスケープメント**のしくみ

3つのツメ石と二重のガンギ車で摩耗を抑制し注油も最小限に

オメガはコーアクシャル脱進機の改良を繰り返し、現行は第３世代に当たる。各ツメ石は、それぞれガンギ車の歯先にしか接触せず、摩耗を軽減している。

OMEGA
01/30

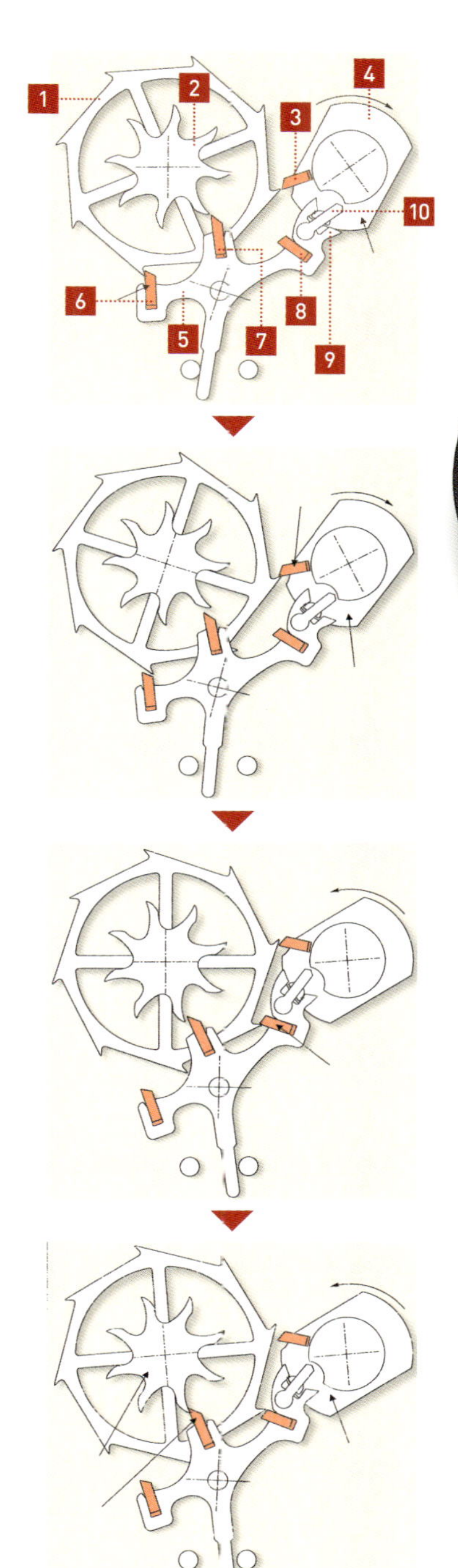

上が、第3世代のコーアクシャル脱進機。第一ガンギ車の形状が大きく変更されているが、しくみは同じだ。

二層のガンギ車は、この図では常に左回転している。テンプが載る振り座④の右方向の振動が進むと振り石⑩がクワガタ⑨を押してアンクル⑤を左に押し上げ、ツメ石⑥が第一ガンギ車①の歯先に当たり回転を止める。

振動が進むとツメ石⑥が外れ、ガンギ車が回転。第一ガンギ車①の歯先が振り座ツメ石③を打ち、さらに振動を促す。

テンプが左に振り直し振り座④が戻ってくると、振り石⑩がクワガタ⑨を押し下げ、ツメ石⑧が第一ガンギ車①を止める。

さらに大きく振動すると振り石⑩がクワガタ⑨を押し、ツメ石⑧が外れ、ガンギ車が回転。第二ガンギ車②の歯先がツメ石⑦を打ち、クワガタ⑨が振り石⑩を右方向に押してテンプの振動方向を変え、元の状態に戻る。

チェーンフュジー

極小の鎖引きによる動力伝達機構

蘇った古の高精度機構

香箱と円錐型の滑車（フュジー）とをつないだ鎖（チェーン）で動力を伝達する――チェーンフュジーは、15世紀に作られた高精度航海用クロック（マリンクロノメーター）にすでに見られ、懐中時計にも応用されてきた古のメカニズムである。日本語では鎖引き、フランス語のフュゼチェーンと呼ばれる例もある。

東西冷戦による休眠から復活を遂げたA.ランゲ&ゾーネは、1994年に発表した再興後初のコレクショ

チェーンフュジーの ココがすごい！

円錐型のフュジーが巻き取った鎖を半径が小さい側から香箱で巻き取ることでトルク（力）を均等化し、高精度をかなえる。

下の写真のモデルが積むCal.L133.1のパーツ点数は、実に684個。これは鎖を１つと数えた場合。鎖を構成する部品を数に含めると、点数は倍近くになる。

ンの1つ「トゥールビヨン“プール・ル・メリット”」で、腕時計で初めてチェーンフュジーを搭載してみせた。さらに言えば、鎖引きによるトゥールビヨンも世界初だった。

チェーンフュジーは、時計精度の向上に極めて有効な機構ではあるが、製作は難しく、今日まで実現したブランドは十指にも満たない。

チェーンフュジー

搭載モデル

トゥールボグラフ・パーペチュアル“プール・ル・メリット”

チェーンフュジーに加え、トゥールビヨン、スプリットセコンドクロノグラフ、永久カレンダーが備わる渾身の超大作。これら３つの複雑機構を鎖引きとしたのは、むろん世界初だ。限定50本。手巻き。径43㎜。Ptケース。アリゲーターストラップ。

てこの原理を応用して ゼンマイの力の低下を補正

ゼンマイのトルク変化推移（トルクカーブ）は、素材・厚さ・幅・長さで変わる。フュジーの螺旋形状は、用いるゼンマイのトルクカーブに合わせている。

ゼンマイから供給されるトルクは、巻き戻るにつれて徐々に弱くなっていく。この時計精度に悪影響を及ぼすトルク変化を抑制するために考案されたのが、チェーンフュジーだ。

写真の右にあるのが香箱、左がフュジー。フュジーには螺旋状の溝が切られ、ゼンマイを巻くと鎖は半径が大きい下側からフュジーに巻き取られる。そして香箱が鎖を半径が小さい上から巻き取り、駆動力を伝える。

これをてこに当てはめると、フュジーの軸が支点、外縁が作用点となる。つまりフュジーは、支点と作用点の距離が長くなりながら回転している。作用点で得られる力は、支点から遠いほど強くなる。これで力点となる香箱のトルクの弱まりが補正され、均一なトルクが伝達される。

チェーンは長さ15cm、幅0.5mm、重さ0.12g。これを構成するピン、チェーンリンク、フックは総計636個もあり、すべて手作業で仕上げし、組み立てている。

A. LANGE & SÖHNE

02/30

前述したようにチェーンフュジーは、フュジーが鎖を巻き取ることで巻き上がる。その際フュジーは逆回転するため、そのままだと時計は止まる。それを防止するのが、右の機構図である。二番車はフュジー↖

巻き防止機構を開発。さらに香箱と連動して300度回転すると、歯車の間に設けた溝にレバーが落ち込み、秒針車停止ツメを作動させる全解放防止機構も備わり、鎖がフュジーから完全にほどけることも防いでいる。

A. LANGE & SÖHNE

02/30

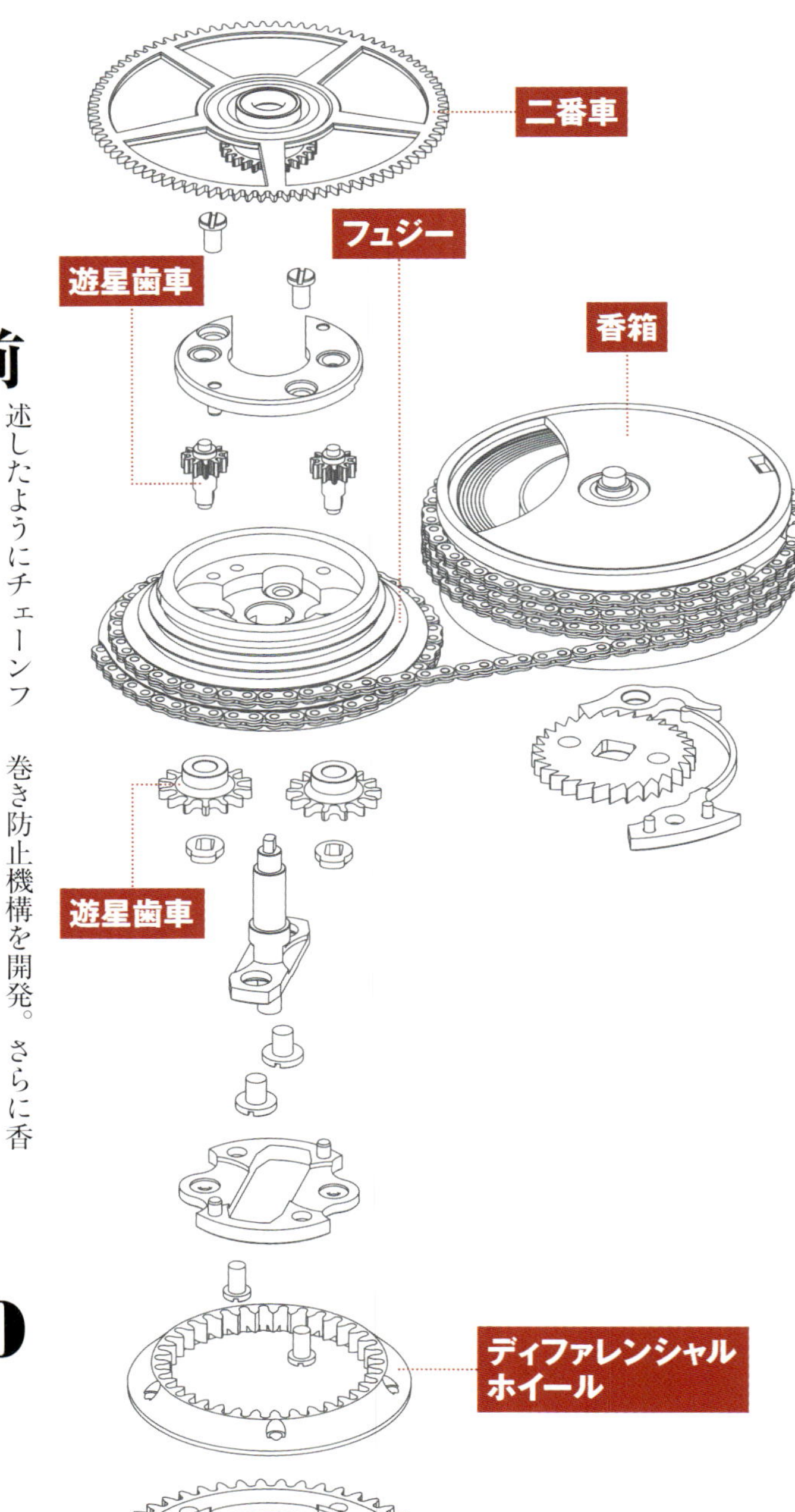

上下同軸にある1組2対の遊星歯車は、巻き上げ時に上側が二番車のカナに駆動力を伝え、下側がディファレンシャルホイールによって通常方向に回る。

巻き上げる際にも時計を止めず 全巻き・全解放も防止する

と同軸にあり、通常は一緒に回転する。そして巻き上げ時にフュジーが逆回転すると、二番車のカナに遊星歯車とディファレンシャルホイールが作用し、通常回転が保持されるしくみだ。

またチェーンがフュジーに強く巻きつくと、香箱が巻き取れなくなる。そこで左図にある全

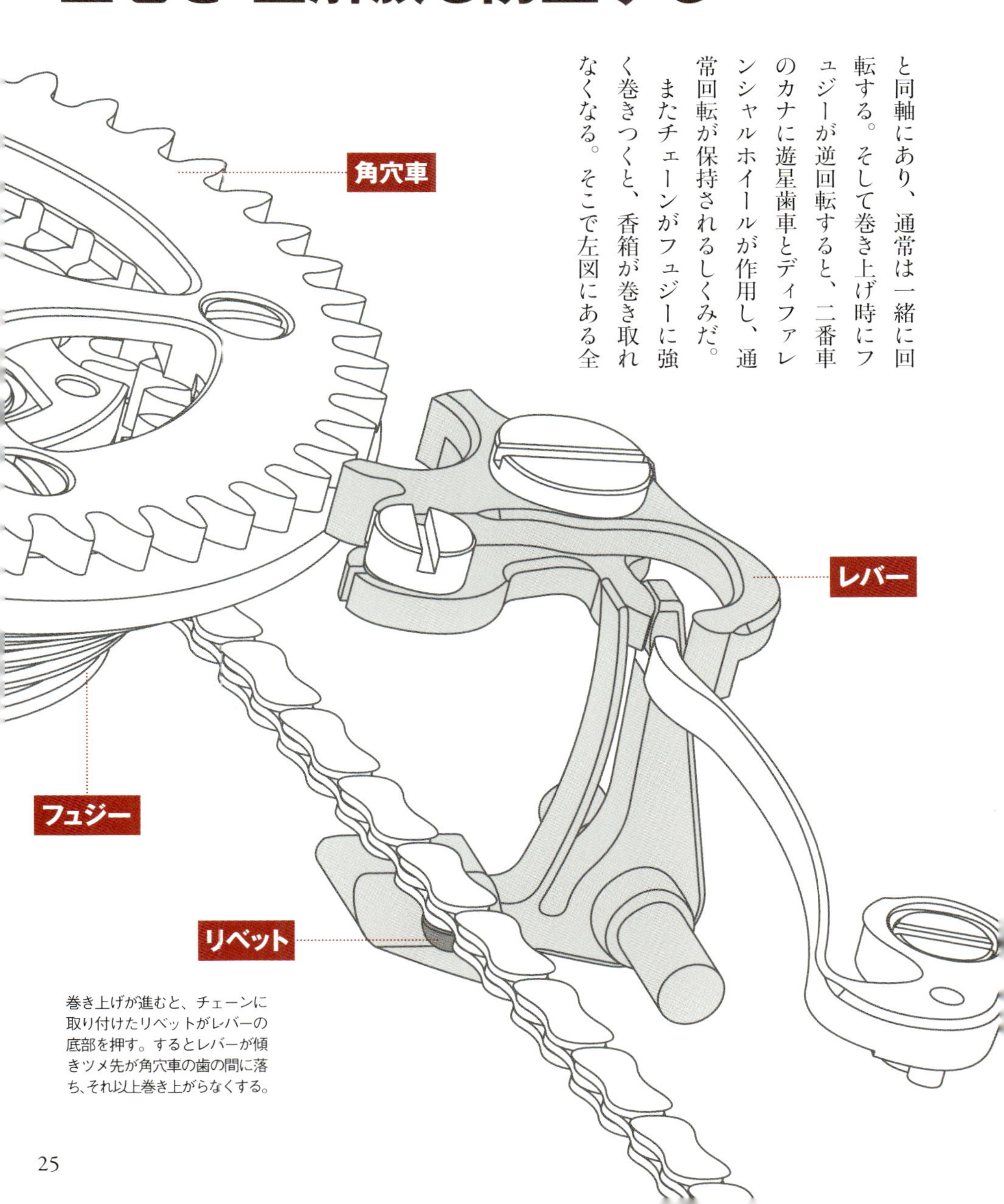

巻き上げが進むと、チェーンに取り付けたリベットがレバーの底部を押す。するとレバーが傾きツメ先が角穴車の歯の間に落ち、それ以上巻き上がらなくする。

ULYSSE NARDIN ● ユリス・ナルダン

フリーク

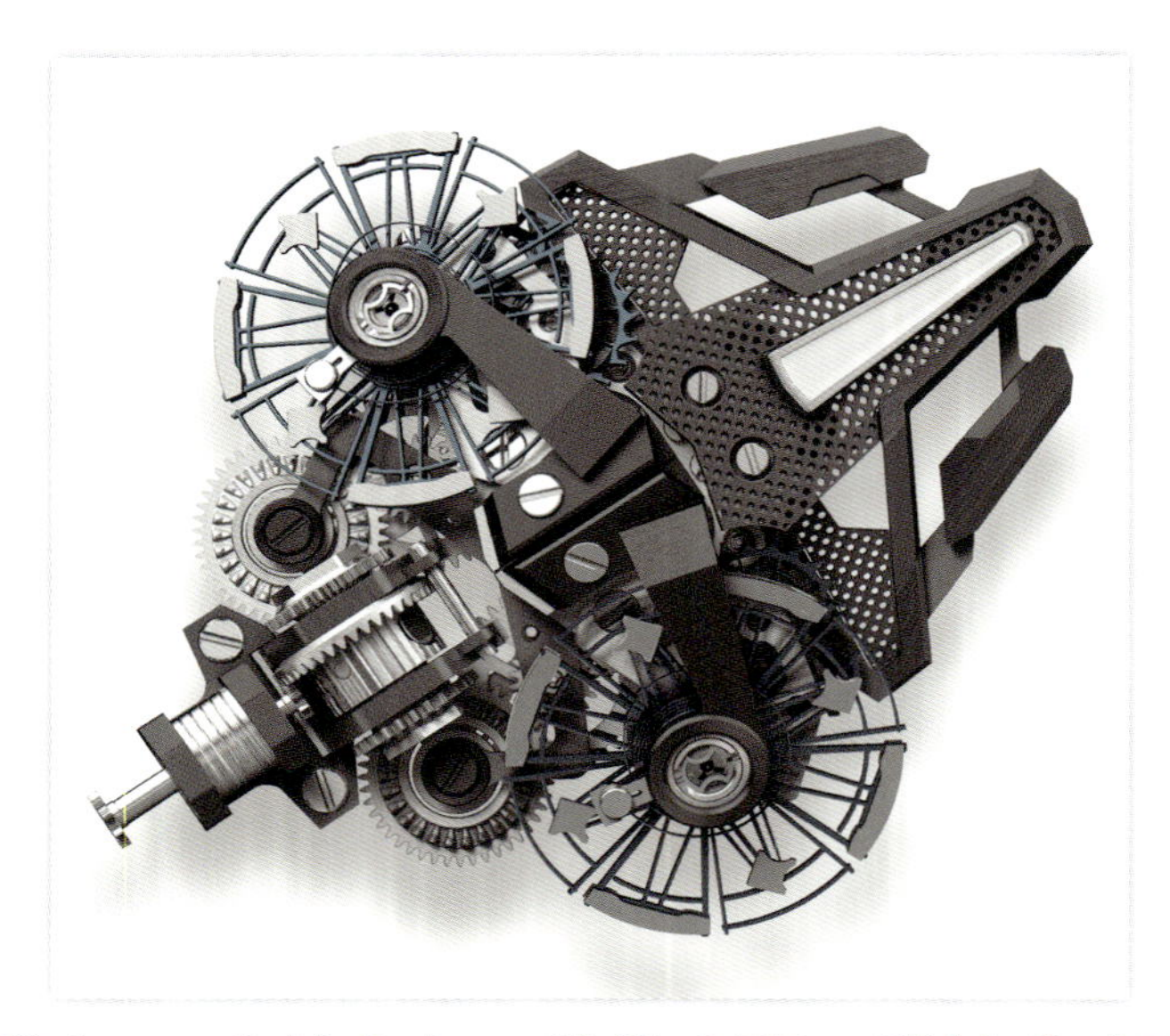

ダイアルを持たない前代未聞の機械式時計

機械式時計の常識を破壊

ダイアルも針もリューズもなく、むき出しになったムーブメント自体が回転し分針となる――2001年に誕生した「フリーク」は、時計の既成概念を打ち破る存在だった。

ムーブメント全体を回転させるアイデアは、後に輝かしい経歴を重ねることになるキャロル・フォレスティエ＝カザピによる。そのプロトタイプで彼女は1997年、とある時計賞を受賞し、世に出た。そしてユリス・ナルダンがアイデアを買い

フリークのココがすごい！

ムーブメントが分針を兼ねる構造は、世界初。シリコン製脱進機の先駆けでもあり、後の機械式時計に多大な影響を与えた。

「フリーク」は誕生以来、さまざまに改良されてきた。現行のテンプとひげゼンマイは、シリコン製。テンプにはニッケル製のウェイトが填められている。

取り、ルードヴィヒ・エクスリン博士によって製品化への道が開かれた。
博士はケース内部を埋め尽くす巨大な香箱の上に時車を載せ、その強大なトルクでムーブメント全体を回して分針とし、巻き上げは裏蓋を、針合わせはベゼルを回して操作する構造を発案。かくしてその名の通り、異形の「フリーク」は世に放たれた。

フリーク
搭載モデル

フリークＳノマド

20度に傾斜した2つのテンプによる調速を、その間のディファレンシャル機構で平均化し、高精度を得る。分針となるムーブメントはロケットに似て、その背景を手彫りギョーシェが彩る。限定99本。自動巻き。径45㎜。チタン＋カーボンケース。

シリコン素材を時計業界で初めて使用したムーブメント

中央の上下2つがスイスレバー式のガンギ車とアンクル。下段の3つが独自の「デュアル ダイレクト脱進機」の構成部品。すべてシリコンで精密成形される。

ULYSSE NARDIN

03/30

エクスリン博士は「フリーク」の開発に際し、長年温めていた、互いに噛み合う2つのガンギ車の歯先が、ロッキングストッパーと呼ばれるパーツを介して交互にテンプを叩く、高効率な新型脱進機を搭載したいと望んだ。しかし、実用化のためには軽量化と超精密加工が不可欠。それをかなえるために採用されたのが、半導体で使われるシリコン素材だった。

パーツ形状を写真のように光で転写してマスキング（フォトレジスト）し、深彫りエッチングによって切り出されたシリコン製ガンギ車は、超精密な上、金属製よりはるかに軽い。こうして生まれた「デュアル ダイレクト脱進機」は、時計界初のシリコン製にして、今ある新型脱進機開発の先駆けとなった。

１つのシリコンウエハーから大量の部品が、超精密に作り出される。ユリス・ナルダンはシリコン専門メーカー「シガテック」を2006年に共同設立した。

60分で1周するムーブメントが分針 遊星歯車で減速させたのが時針

初代「フリーク」の透視図。テンプの下に2つのシリコン製ガンギ車が見える。これはアブラアン-ルイ・ブレゲが考案したナチュラル脱進機の改良型だ。

2001年、時計界に大きな衝撃を与えた初代「フリーク」。ムーブメントを回転させるケース内径とほぼ同じ大きさの巨大な香箱で、7日間駆動もかなえた。

ULYSSE NARDIN

03/30

前代未聞と先述したが、実は「フリーク」は、56ページで説明するカルーセルの応用である。巨大なキャリッジの中央にムーブメントを載せた「センターカルーセル」が、「フリーク」の正体である。

上の写真で10時を指すアワープレートの下には巨大な時車が取り付けられ、香箱から駆動力を得ている。時車はダイアル外周のラックギアに沿って回りながら進み、同時にムーブメント中央の歯車のカナに噛み合い、ムーブメントを回転させる。中央の歯車から輪列は直線状に二手に分かれ、一方は独自の脱進機とテンプでムーブメントの回転を60分周期、時車を12時間周期に調速。他方はダイアル外周のラックギアと噛み合い、ベゼルによる針合わせをかなえる。

反転ケース

ケースがクルッと反転する角型時計

反転ケースの ココがすごい！

ケースをスライドするとロックが外れ、反転させた後、元の位置にスライドすると固定される。その構造は、複雑かつ巧妙。

スポーツウォッチの始祖

上下をゴドロン装飾が彩るアール・デコの影響が色濃い角型ケースを、クルリと反転させられる。「レベルソ」は、その特異なケース構造でジャガー・ルクルトのアイコンとなった。誕生したのは、１９３１年。きっかけは、インドに駐屯していたイギリス人将校からの「ポロ競技中でも着けられる時計を」とのオーダーだった。当時の風防はミネラルガラス製で、ポロの試合中に衝撃を受けると簡単に割れていた。そこで風

下のモデルのケースを構成する全パーツ。右下にあるムーブメントを保持するホルダーは、搭載するCal.822の形状にピッタリと合うよう作られている。

防を守るために考案されたのが、反転式ケースだった。つまり端正な外観とは裏腹に、「レベルソ」はスポーツウォッチとして開発されたのだ。

現在の風防は、極めて頑強なサファイアクリスタル製。反転式ケースはガラスを保護するという本来の役割を終えているが、そのユニークさで時計ファンに愛され続けている。

反転ケース 搭載モデル

レベルソ・クラシック スモールセコンド

上の写真にあるように多層構造の反転ケースを、わずか8.51mm厚で実現。ダイアルとスモールセコンドの中央部は、ギョーシェ彫りで華やぐ。ケース裏面は、彫金などでカスタマイズできる。手巻き。ケース45.6×27.4mm。SSケース。カーフストラップ。

55個ものパーツで構成される 反転ケースは、外装の複雑機構

左の展開図は、1985年に登場した第2世代の反転ケースである。ここで初めて「レベルソ」は、3気圧の防水性能を得た。また2017年には、より薄く進化させている。

ケース本体は、ムーブメントを保持するホルダー②をベゼル①と裏蓋③で包み込む構造。ケースの上下には、スライド時のガードと反転時の軸となるパーツ⑤とケースを固定するためのラッチ⑥が取り付けられている。

台座となるキャリア④の上下の内側にはレールが切られ、両端には半球状のホールが備わる。ホールにラッチ⑥のヘッドが収まり、固定されるしくみ。レールにはパーツ⑤のバー状の突起が載り、バネの力でキャリア④の内側に押さえつけられガタつきを抑えている。ケースを横に押すとバネが備わるラッチ⑥のヘッドが引っ込んでホールから外れ、半分以上スライドすればパーツ⑤を軸に反転させられる。反転後、逆にスライドすれば、ラッチ⑥がホールにカチリと収まり、ケースが固定される。

反転ケースは55個ものパーツから構成され、軽やかな操作感と確実な固定とが維持される。

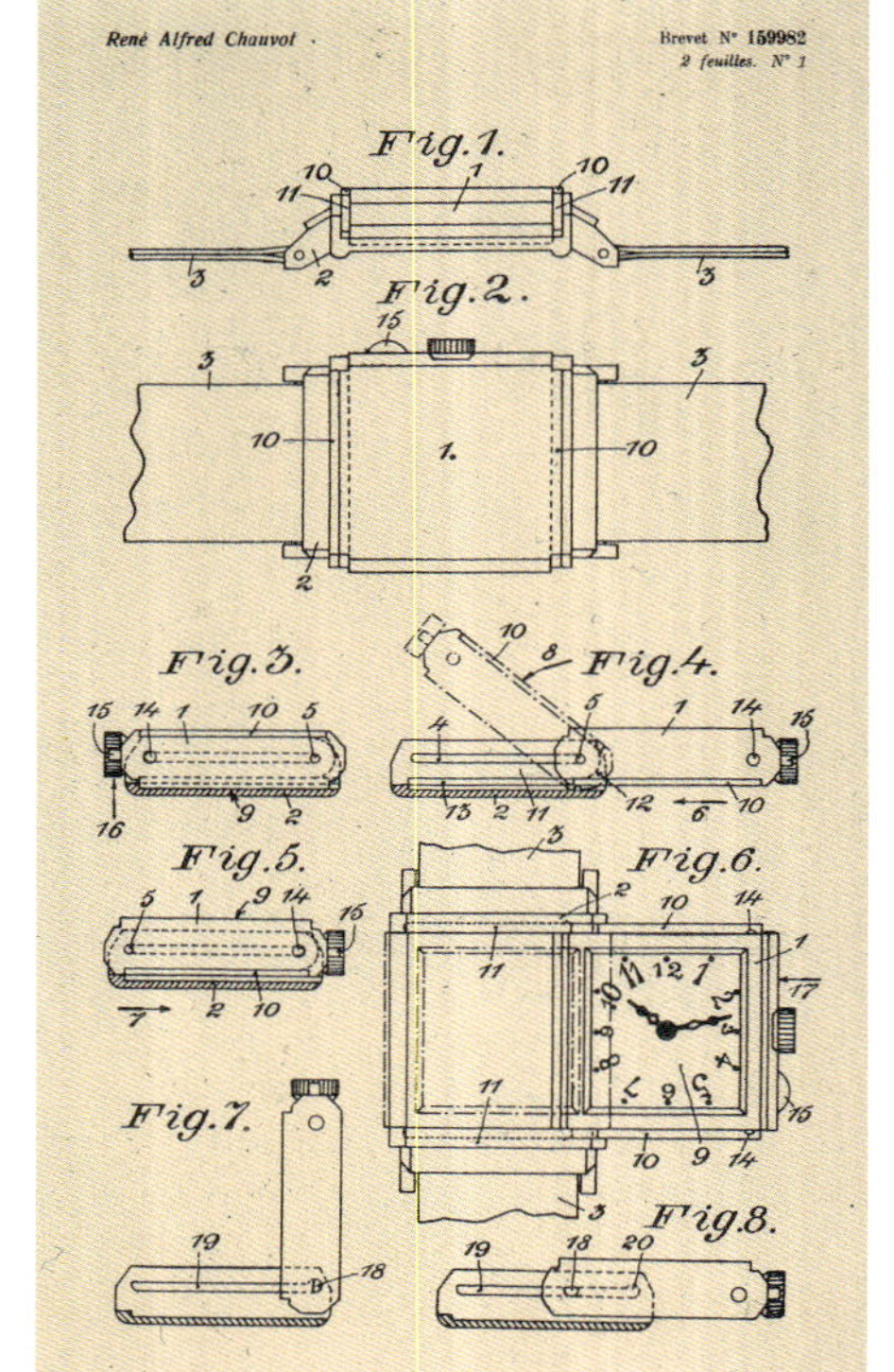

1931年3月4日に提出された、特許申請書に添付された機構図。基本的なしくみは、今と同じ。初期のケース（第1世代）のパーツ点数は23個で、非防水だった。

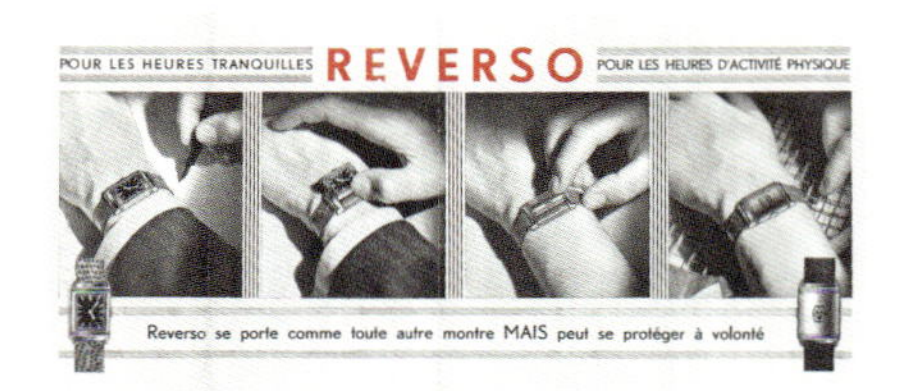

1930年代の広告。4枚の連続写真で、反転操作を紹介している。写真の下にあるキャッチコピーは、「この時計は他の時計と同じように着用できますが、自由に保護できます」。

この第2世代のケースの製作には、メゾンとして初めてコンピュータによるCAD設計と、そのデータで数値制御するCNCマシニングセンタが導入された。

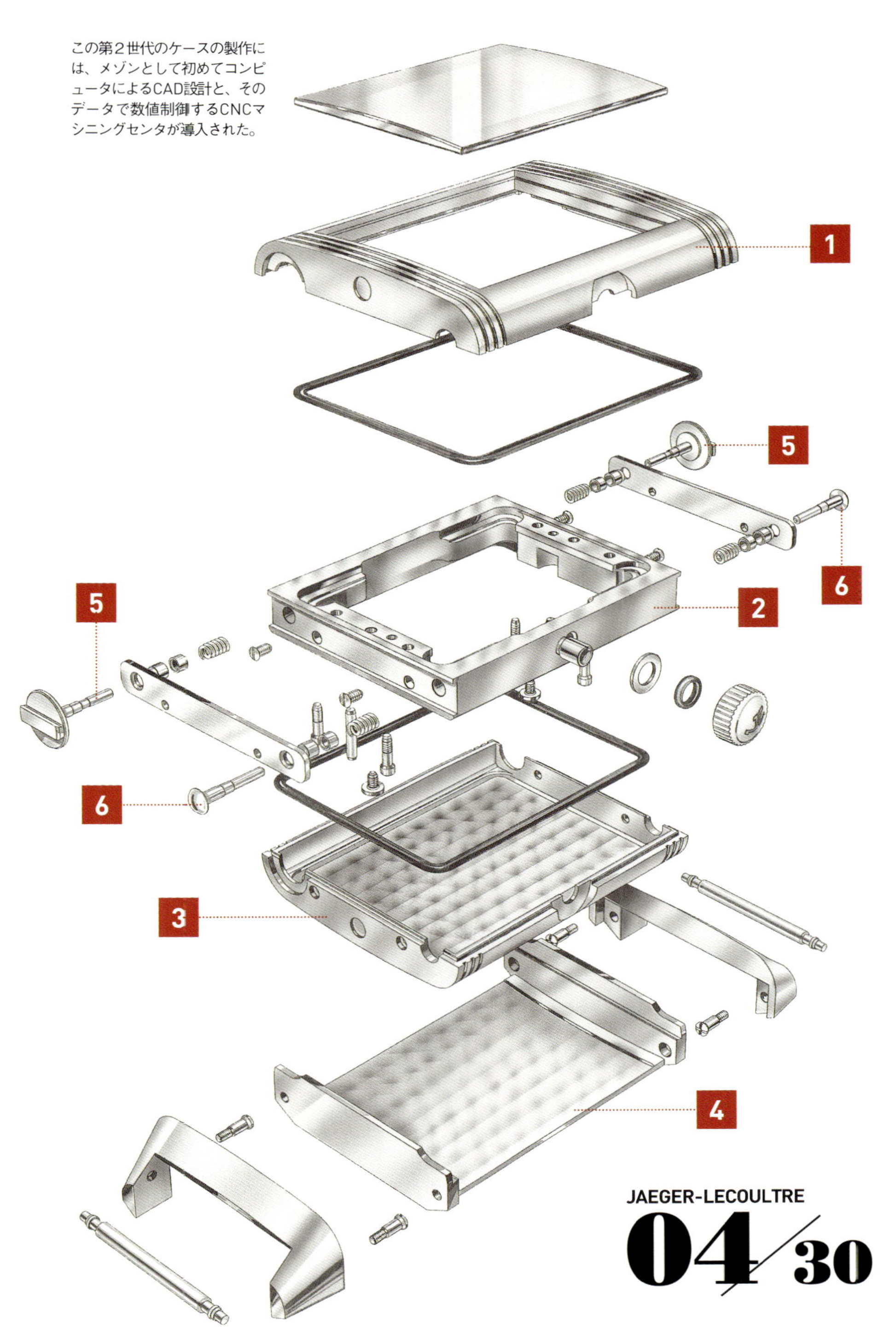

JAEGER-LECOULTRE
04/30

ペラトン自動巻き

開発者の名を冠した独自の巻き上げ機構

高効率なツメレバー式

一般的な機械式時計のゼンマイは、香箱上にある角穴車が左に回ることで巻き上がる。初期の自動巻き機構は、左右どちらにも回るローターが角穴車を逆回転させないために一方向を空回りさせていた。これは片巻き上げと呼ばれ、現行品にも多い。そして1940年代以降、ローターがどちらに回っても角穴車を正しい方向に回す、さまざまなしくみの双方向巻き上げ機構が考案されてきた。

IWCは、1950年に発表した

ペラトン自動巻きの
ココがすごい！

一般的なリバーサー式よりはるかに少ない部品で双方向巻き上げを実現。故障が少なく、かつ強度が高く、さらに巻き上げ効率も優れる。

自動巻きローターを外すと現れる、2つの人工ルビー製のローラーが備わるブリッジが、ツメレバー式のキーパーツ。1950年から現在まで基本設計に同じだ。

同社初の自動巻きキャリバー85で、双方向巻き上げを実現してみせた。設計者は、当時の技術部長アルバート・ペラトン。彼は、それ以前よりあった歯車によるリバーサー式に代わる、高効率なツメレバー式双方向巻き上げ機構を発明した。そのしくみは、彼の名を冠したペラトン自動巻きの名で現代まで受け継がれている。

ペラトン自動巻き
搭載モデル

ビッグ・パイロット・ウォッチ 43

1940年に生まれた独空軍向け士官用航空クロノメーターの外観を受け継ぐ。2021年にはそれまでより一回り小さい、この43㎜ケースが登場。サンレイダイアルが、ブルーのニュアンスを豊かにする。自動巻き。径43㎜。SSケース。カーフストラップ。

回転ローターの双方向回転をロッキングバーの往復運動に変換

IWC
05/30

IWCはペラトンによる基本設計はそのままに、2021年にロッキングレバーと巻き上げ車をセラミック製に改め、摩耗を防ぎ、より頑強に進化させた。

右ページの図が、ペラトン自動巻きにおける巻き上げ方向切り替え機構である。

ハートカム①の上には、ローターが取り付けられている。ハートカム①の回転軸は、くぼんだ側に寄せられているため、ローターが右方向に回転した場合、図の状態ではまずハートカム①の突起側が右側のローラー②を押し、さらに回転が進むと左側のローラー③を押す。ローターが左方向に回った際も、同様に左右のローラーが順に押される。

巻き上げ車⑧は、歯が直角三角形の鋸刃状になっており、ロッキングバー⑥⑦のそれぞれのツメが歯の間に落ち込んでいる。

ローターの回転に伴いハートカム①が回り、ローラー②と③を順に押すと、ベースプレート④が⑤を軸として動き、右に押

大きな黒い円が香箱、その上が角穴車。ローターが全回転せず、左右に振れるだけでもどちらかのローラーを押し、ロッキングバーが働くため、高効率となる。

された場合は上側のロッキングバー⑥が巻き上げ車⑧を引いて回す。その際、下側のロッキングバー⑦のツメは直角三角形の刃の斜面に沿って歯の間から外れる。ハートカム①が、ローラー③を押した場合は、下側のロッキングバー⑦が巻き上げ車⑧の歯を引いて回し、上側のロッキングバー⑥は歯の斜面を滑る。

この一連の動きは、ハートカム、すなわちローターがどちらの方向に回っても同様に繰り返される。つまりローター（ハートカム）の回転をロッキングバーの往復運動に変換することで、双方向巻き上げを実現したのだ。実にクレバーな設計である。

レバー（ロッキングバー）のツメで巻き上げ車を回すから、別名はツメレバー式。その構造から、ラチェット式とも呼ばれる。

クレイジー アワーズ

時の流れを無視し、時針が飛ぶ

クレイジー アワーズの
ココがすごい！

大人なら、インデックスがなくても針位置で時間がわかる。その時刻表示の概念を打ち破り、時間を哲学的に表現した。

天才時計師による時の哲学

天才と称賛されてきた時計師フランク ミュラーは、トゥールビヨンをはじめとする伝統的な複雑機構を腕時計で再現するに留まらず、独創的な機構も生み出してきた。2003年に誕生した「クレイジー アワーズ」は、その代表格である。

上の4つの写真は、右から順に1時、2時、3時、4時を示している。1時と4時は、針位置だけでそうとわかるが、2時と3時は時針が指す数字を見なければ、わからない。時

ポインターデイトの数字も昇順になっていない「トータリー クレイジー」のムーブメント。外したブリッジの下に、「クレイジー アワーズ」の機構が見えている。

インデックスは昇順になってはおらず、停止していた時針が毎正時に次の時刻の数字にジャンプして指し示すしくみ。各数字の並びはランダムなようで、実は150度ずつ離れて並んでいる。このユニークな機構にフランク ミュラーは、「時計が与えたプログラミング通りに生きる必要はない」とのメッセージを込めた。

クレイジー アワーズ
搭載モデル

トノウ カーベックス
クレイジー アワーズ

ケースのフォルム、インデックスの書体、機構のすべてがメゾンを象徴するアイコニックな1本。ダイアルの背景にランダムに浮かぶビザン数字が、独創的な機構を予感させる。自動巻き。ケース45×32㎜。18KPGケース。クロコダイルストラップ。

ジャンピングアワー機構を応用して数字5つ分を時針が瞬間移動

毎正時、時針が150度、すなわち数字5つ分を瞬時に移動するジャンピングアワーが、「クレイジー アワーズ」の正体であるである。そのキーパーツが、右図のジャンピングレバー①とジャンピングホイール②。上はそれらが働く直前から直後の連続写真で、左ページ図はその構造を示す。

通常の時計では日の裏車④は時針が載る筒車③を動かすが、この機構では噛み合っておらず、日の裏車④は同軸にあるジャンピングホイール②を動かす。

正時が近づくと写真Aのようにジャンピングホイール②に備わるカムに沿い、ジャンピングレバー①が押し上げられていく。

ジャンピングホイール②の回転が進み、カムの頂点に差し掛かった後、ジャンピングレバー①は既成バネ⑤の力で元の位置に戻る。その際、写真BCのようにジャンピングホイール②の先端のツメが筒カナ③の歯にかかり、一気に150度回す。同時に筒車（時針）の間にジャンピングレバー①の先端が瞬間的に入り込むことで正確な位置に留まる。その後ジャンピングレバー①は、既成バネ⑤によって写真Cのように元の位置に戻る。

FRANCK MULLER

06/30

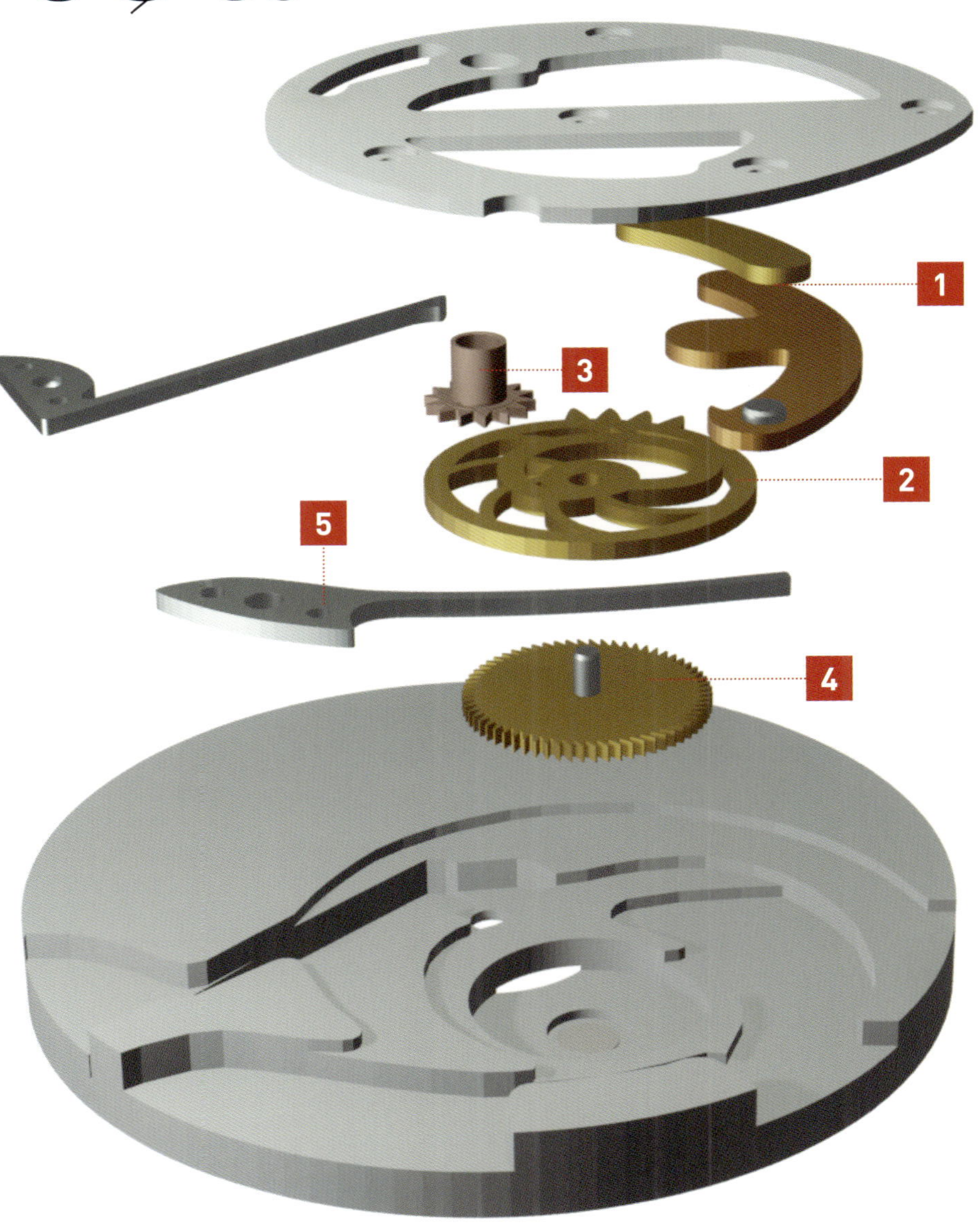

クレイジー アワーズ機構の部品は、すべてダイアル側にあり、日の裏車④だけが駆動力を受けている。筒車③は、分針車の軸に被さっていて空回りする。

PATEK PHILIPPE ● パテック フィリップ

ジャイロマックス・テンプ

特許取得から70年以上続く歩度調整機構

フリースプラングの標準に

テンプを歩度調整するしくみは、2つに大別される。1つは、ひげゼンマイを挟むひげ棒を移動させ、有効長さを変える緩急針式。もう1つは、テンプのリムに取り付けたネジや錘を動かして慣性モーメントを変えるフリースプラング式。慣性モーメントとは、物体の回りにくさを示す数値で、テンプの場合、直径が大きいほど最外周が重たくなり、その数値は大きくなる。フィギュアスケートのスピンで、広げていた両腕を閉じ

ジャイロマックス・テンプの ココがすごい！

調整がしやすく、部品点数もチラネジ式より少なくでき、加工も容易。また振動時の空気抵抗も小さくなり、より安定する。

現行モデルが採用する、十字状のスポークそれぞれにマスロットが備わる「ジャイロマックス・テンプ」は、2004年に登場。マスロットの形状も改良された。

ると、回転が速くなるのと同じ原理だ。

パテック フィリップは1951年、テンプのリムの上面に取り付けた偏心錘（マスロット）を回して慣性モーメントを変化させる「ジャイロマックス・テンプ」を考案し、特許を取得。その保護が切れてから多くのメゾンが導入し、フリースプラングの一大スタンダードとなった。

ジャイロマックス・テンプ
搭載モデル

ワールドタイム 5330

メゾンを象徴する機構の1つ、ワールドタイムに日付表示を初搭載。ダイアルを隠さない透明な針によるポインターデイトとし、日付変更線を超えるワールドタイムの操作に日付も連動する。自動巻き。径40㎜。18KWGケース。カーフスキンストラップ。

テンプの慣性モーメントを変えて振動周期の緩急を微調整する

PATEK PHILIPPE
07/30

偏心錘が８つ備わる「ジャイロマックス・テンプ」の後期型は、リムの内側に設けた台座にマスロットを設置していた。写真は、トゥールビヨンへの採用例。

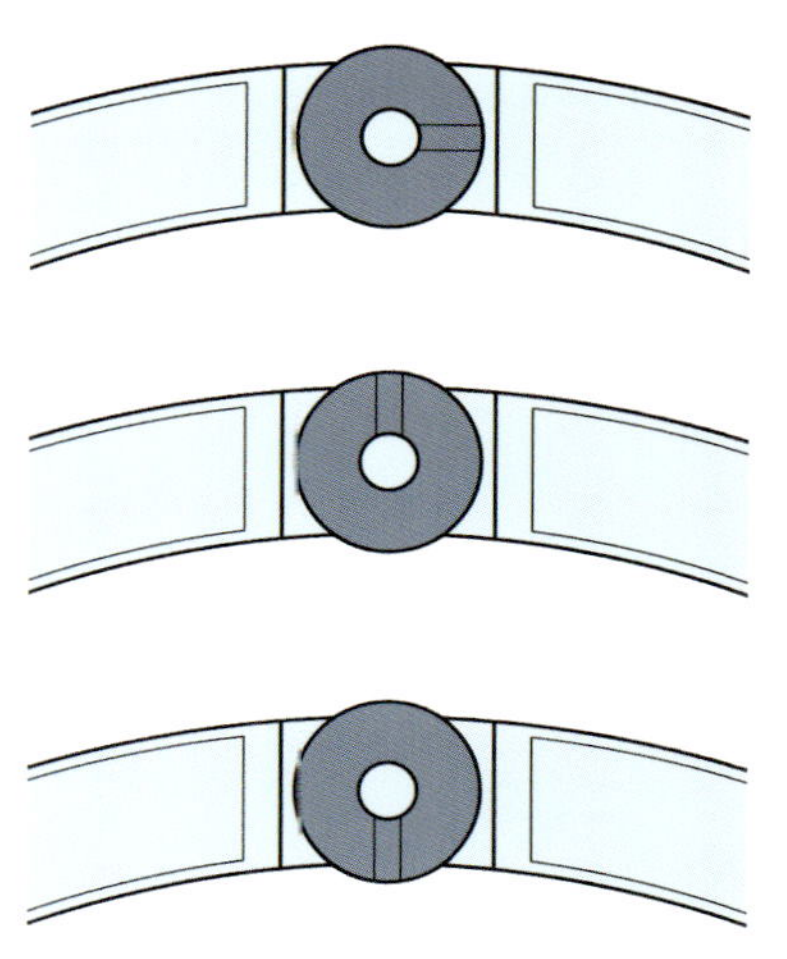

上の状態からマスロットを左に回すとプラス、右に回すとマイナスに調整できる。スリットを真上にすると慣性モーメントは最小となり、真下に向けると最大になる。

上の図は、最初期の「ジャイロマックス・テンプ」の加工のひな型であり、右半分にだけリム上面にくぼみを加工し、マスロットを取り付けている。そして一番右側の図は、真横から見ると、マスロットの有無にかかわらず、リムは同一面になっていることを示す。こうすることで振動時の空気抵抗が減り、より動きが安定する。

１９５１年の特許取得時から２００４年までの「ジャイロマックス・テンプ」のスポークは１本で、８つのマスロットが備わっていた。マスロットはＣの形をしており、スリットをリムの外側に向ければ、重心が内側に寄って慣性モーメントが小さくなるため、プラス側に歩度が調整できる。そしてスリットをリムの内側に向ければ、慣性モーメントは大きくなるので、マイナス側の歩度調整となる。

いずれのマスロットも対面する同士をペアとし、同じ向きとするのが基本。緩急針式よりも微調整が可能だが、調整幅は小さい。ゆえにテンプとマスロットの製造時には高精度な加工が要求されるが、そこは名門メゾンである。手抜かりなど、ない。「ジャイロマックス・テンプ」を考案したパテック フィリップは、他社より長くフリースプラングの経験を積み重ねてきた。

ROGER DUBUIS ● ロジェ・デュブイ

ダブル トゥールビヨン

時計精度を高める複雑機構を2つ搭載

2つのキャリッジが輪舞

懐中時計や腕時計は携帯時、さまざまな角度に傾けられる。その姿勢差によって、テンプの軸（天真）の先が差し込まれた穴石の穴の側面に触れる面積が増減して摩擦の量が変わり、時計精度を不安定にさせる。トゥールビヨンは、回転するキャリッジにテンプと脱進機とを収め、姿勢差による天真の位置の平均化を図るために1801年に発明された。

ロジェ・デュブイは2005年、この複雑機構が2つ備わるムーブメ

ダブル トゥールビヨンの ココがすごい！

あらかじめ各トゥールビヨンの調速を、一方をプラス、他方をマイナスに調整しておけば、平均化で相殺され、高精度に。

ロジェ・デュブイは、「ダブル トゥールビヨン」キャリバーを複数有する。これは主力機であるCal.RD108SQ。2つのキャリッジを回しても72時間駆動する。

ントを開発。以降「ダブル トゥールビヨン」は、メゾンの象徴的存在となった。2つのキャリッジの駆動力は、ダイアル中央のディファレンシャルギアから分岐。同時に各調速は、ディファレンシャルギアによって平均化されるため高精度となるのだ。2つのトゥールビヨンが並んで回転する様子は、見応え十分。

ダブル トゥールビヨン 搭載モデル

エクスカリバー ダブル トゥールビヨン セラミック

星を象るスケルトンは、メゾンのシグネチャー。漆黒のセラミックケースとの対比で、ダイアルの透明感がより引き立つ。2つのキャリッジは、上部をコバルト製とし軽量化を図った。限定28本。手巻き。径45㎜。セラミックケース。カーフストラップ。

姿勢差と2つのテンプの調速の平均化をダブルで図る高精度機構

A

1

2

2

キャリッジと一緒に回るガンギ車のカナに噛み合い自転させる固定四番車②をリング状の内歯車とし、内側に脱進機を収めることでサイズと高さとを抑えた。

ディファレンシャルギアとは自動車の車軸にも使われる作動装置で、1つの回転速度を異なる回転速度に振り分ける機能を持つ。だから自動車がカーブを曲がる際、外輪が内輪よりも大きく回るのである。また、ディファレンシャルギアは、回転速度が異なる2つの入力を、1つの回転速度に平均・統合して出力することもできる。

左の2つの図は、Aが「ダブル トゥールビヨン」のムーブメントを裏蓋側から見た様子、Bが構造図。図Aの赤で囲った歯車がディファレンシャルギアで、その下で左右に並ぶキャリッジに駆動を伝達する2つの三番車①のカナに噛み合っている。図Aでは1つの歯車に見えるディファレンシャルギアだが、図Bの赤で囲んだ構造図では、歯車の間に複数のカナが備わっているのがわかる。そして上下の各歯車は、2つの三番車①の一方だけを駆動する。

上の歯車の軸は下側の軸内に差し込まれており、上側のカナが香箱からの駆動力を受け、カナを介して下側の歯車に駆動力を伝える。この構造により1つの入力が2つに分岐され、同時にディファレンシャルギアの上下の歯車は、各トゥールビヨンの異なるテンプの調速に応じたキャリッジの回転速度が、三番車①、上下の歯車の順に伝達され、カナがそれらを統合・平均化して香箱を調速する。各テンプの一方をプラス、他方をマイナスに歩度調整すれば、相殺され、高精度が得られるのだ。

ROGER DUBUIS

08/30

Cal.RD108SQの部品点数は、319個にもおよぶ。それらすべてに伝統的な手仕上げを施して、ジュネーブ・シールを取得。7.35mm厚と薄型であるのも見事だ。

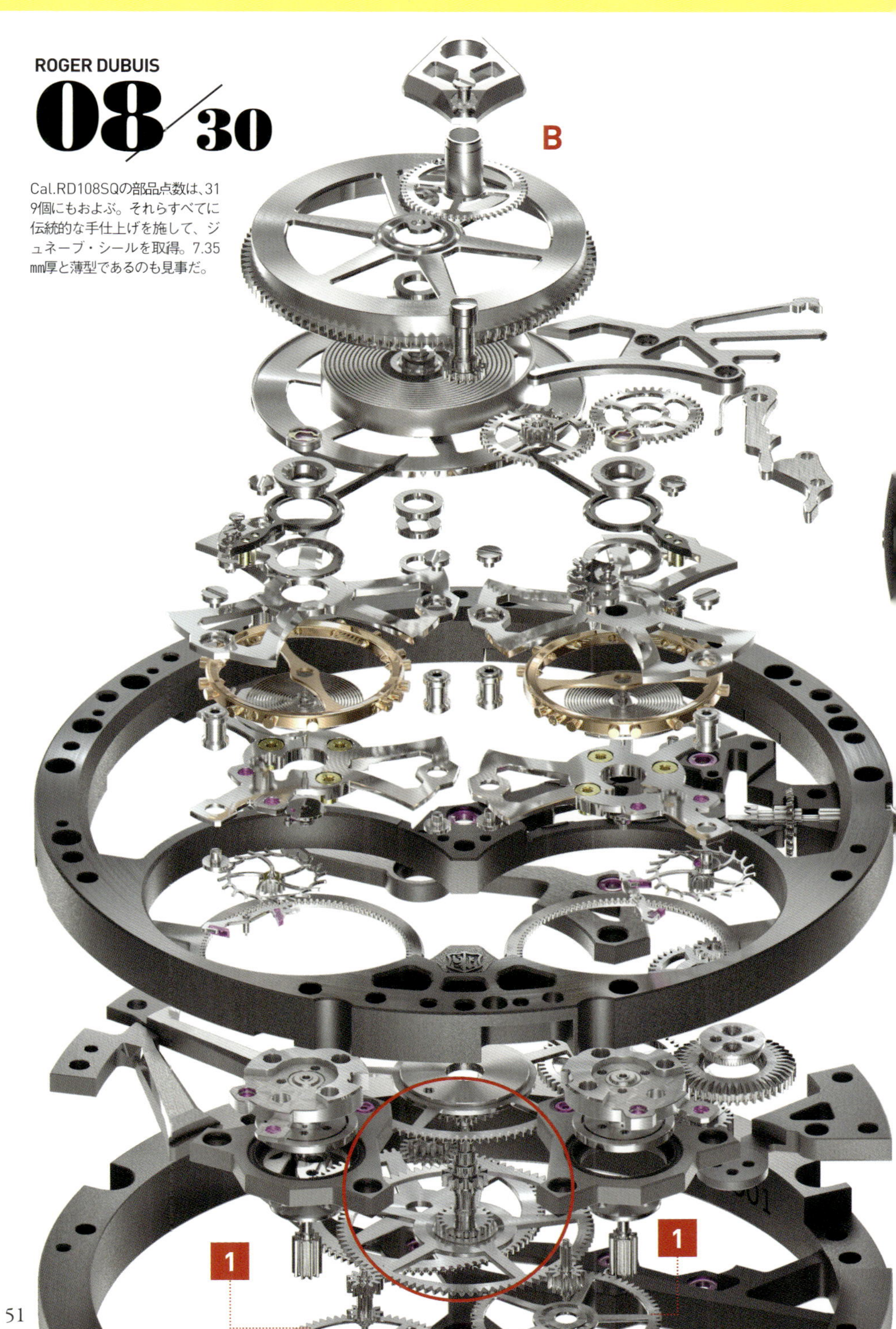

SEIKO ● セイコー

外胴プロテクター構造（ツナ缶）

耐衝撃性にも優れる世界初の構造

プロ潜水士の要望から誕生

セイコーは1975年、プロの潜水士の要望を最大限汲んだダイバーズウォッチを発売した。その名もズバリ「プロフェッショナルダイバー600m」である。彼らからの「潜水時にかかる、水圧をはじめとするあらゆる負荷に耐えうる時計を」との要望をかなえるために生まれたのが、ケースを外側から覆う着脱式の外胴プロテクターであった。その形から、付いた愛称は「ツナ缶」。初代外胴はチタン製で、表面には

外胴プロテクター構造（ツナ缶）のココがすごい！

頑強な外胴は、高水圧によるケースの変形も防ぐ。2014年には1000m防水外胴ダイバーズが水深3000mに到達し、無事生還した。

ケースをすっぽりと覆う外胴プロテクターは、4本のネジで固定するしくみ。全体が裾広がりになった形状は、フジツボからヒントを得たとか。

セラミックコーティングし、軽さと硬さを両立。着脱式としたのは、取り外して丸洗いできるようにするためだ。当時、最先端の素材だったチタンはケースにも採用され、「プロフェッショナルダイバー600m」は、世界初のチタン製ダイバーズウオッチとなった。外胴は'86年にセラミック製に進化して今日にいたる。

外胴プロテクター構造（ツナ缶）

搭載モデル

セイコー プロスペックス SBDX038

防水性能は、驚異の1000m。シリーズ最高のスペックを誇るプロ用ダイバーズである。そのベゼルやリューズ、外胴のネジにはPGカラーのIP処理を施し、華やかさをまとわせた。自動巻き。径52.4㎜。チタンケース。シリコンストラップ。

裏蓋がないワンピース構造と独自のL字形ガスケットを採用

SEIKO 09/30

初代ツナ缶「プロフェッショナルダイバー600m」は、ストラップ素材やダイアルデザインなども含め、外装だけでも23もの独自技術を導入し、特許を取得。

プロの潜水士は、水深60mを超える潜水作業の際、まず加圧室で酸素とヘリウムガスを取り込み、飽和状態にする飽和潜水を行う。その作業時、排出されるヘリウムが時計に侵入し、それが浮上するにつれて膨張してダイアルや風防を破損する。

初代ツナ缶「プコフェッショ

リューズ内のパッキン①も縦横に押圧される構造とすることで、気密性を大きく高めていた。またリューズを4時位置としたのは、作業中の手首の動きを邪魔しないためだ。

L字型ガスケットは、風防の側面と底部とに気密性を与える。風防の素材も、平滑な加工面が得られるハードレックスガラスを採用し、ガスケットとの高い密着性を得ている。

ナルダイバー600m」は、飽和潜水に対応することを一番の目的とし、開発が進められた。

ヘリウムガス侵入問題をスイスのブランドは、排出バルブで解決した。対してセイコーは、外装の高気密化の道を選んだ。

まずケース②を1967年に誕生の「300mダイバーズ」で試みた裏蓋のないワンピース構造とした。そして風防④のL字ガスケット③は断面をL字形として縦横に押圧。さらに風防④は上からネジ式ガラス固定リング⑤でガッチリと固定した。またリューズに用いるパッキン①とL字型ガスケット③のためにガス透過率が低い素材を開発。

こうしてヘリウムガスの侵入を大幅に抑えた初代ツナ缶は、国産初の飽和潜水ダイバーズとなりプロ潜水士の要望に応えた。

BLANCPAIN ● ブランパン

トゥールビヨン カルーセル

姿勢差を平均化する2つの「回転機構」が連動

古の複雑機構が進化し復活

1989年、ブランパンのコレクションに初めてトゥールビヨンが加わった。そして2008年、トゥールビヨンと同じくテンプと脱進機を回転するキャリッジに収め、姿勢差の平均化を図るカルーセルを腕時計として初めて実現した。フランス語で〝回転木馬〟を意味するカルーセルは、1892年に英国在住のデンマーク人時計師バーネ・ボニクセンが発明した複雑機構。トゥールビヨンより頑強だが、大きく重いため、

トゥールビヨン カルーセルの
ココがすごい！

各機構は香箱から独立しており、2つのムーブメントをドッキングさせたような構造。それらを完璧に連動させている。

12時側がトゥールビヨン、6時側がカルーセル。いずれもダイアル側にブリッジがない“フライング”で、互いに1分周期で回転する様子を露わにしている。

せいぜい30分周期でしかキャリッジを回せなかった。それを1分周期に進化させ、腕時計に搭載したのだ。

さらにブランパンは2013年、姿勢差の平均化を図る、これら2つの回転機構を1つに統合してみせた。むろん、世界初である。そして今も唯一無二の組み合わせであり、ブランパンの技術力と独創性を象徴する。

トゥールビヨン カルーセル

搭載モデル

ヴィルレ トゥールビヨン カルーセル

ダイアル外周の白いチャプターリングは、伝統的なグラン フー エナメル製。ダイアル3時位置を開口し、リューズとポインターデイトのメカニズムを覗かせているのがユニークである。手巻き。径44.6㎜。18KRGケース。アリゲーターストラップ。

ディファレンシャルギアで連結

ブランパンは1989年、腕時計初の、ダイアル側にブリッジがないフライングトゥールビヨンを実現した。さらにキャリッジの軸からテンプの軸を独立させた独自の構造を考案。しかしこれが物議を醸した。キャリッジとテンプが同軸でないのは、カルーセルだと。その嫌疑を晴らすべく、ブランパンは逆にキャリッジとテンプが同軸にあるかつてないカルーセルを生み出し、トゥールビヨンと同じ1分周期にしてみせたのだ。

ブランパンによる2つの機構は、香箱①⑦からの駆動力が二番車②⑧、三番車③⑨の順に伝わっていくのは、同じ。トゥールビヨンでは四番車④が地板に固定されて動かず、三番車③はキャリッジ⑤の底部に取り付けられたカナを噛み、回転させる。

BLANCPAIN
10/30

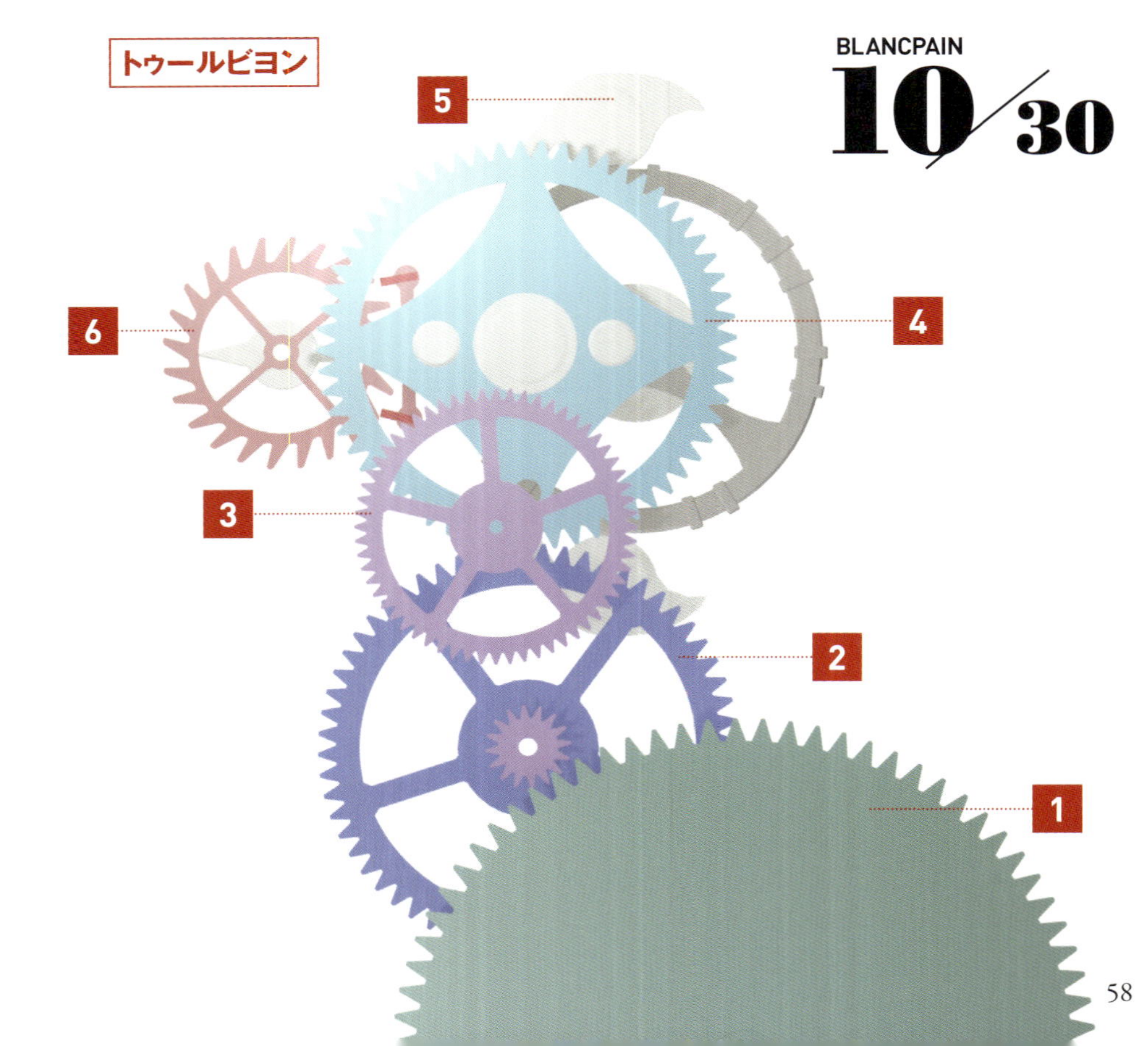

独立した2つのムーブメントを

そしてキャリッジ⑤と一緒に回るガンギ車⑥は、自身のカナで固定された四番車④と噛み合い、その周りを衛星回転することで機能するしくみになっている。

対してカルーセルは、四番車⑩がキャリッジ⑪の中にあり、三番車⑨からの駆動力をカナで受けている。そして四番車⑩が回ることでガンギ車⑫が動く。つまり香箱から脱進機までの流れは、通常の時計と同じ。カルーセルのキャリッジ⑪は歯車（キャリッジ車）になっていて、三番車⑨はひと組のキャリッジ駆動車⑬にも駆動力を伝達し、キャリッジを1分周期で回す。

これら2つを1つの地板上で構築した「トゥールビヨン カルーセル」は、各二番車の間のディファレンシャルギア（50ページ参照）で連結されている。

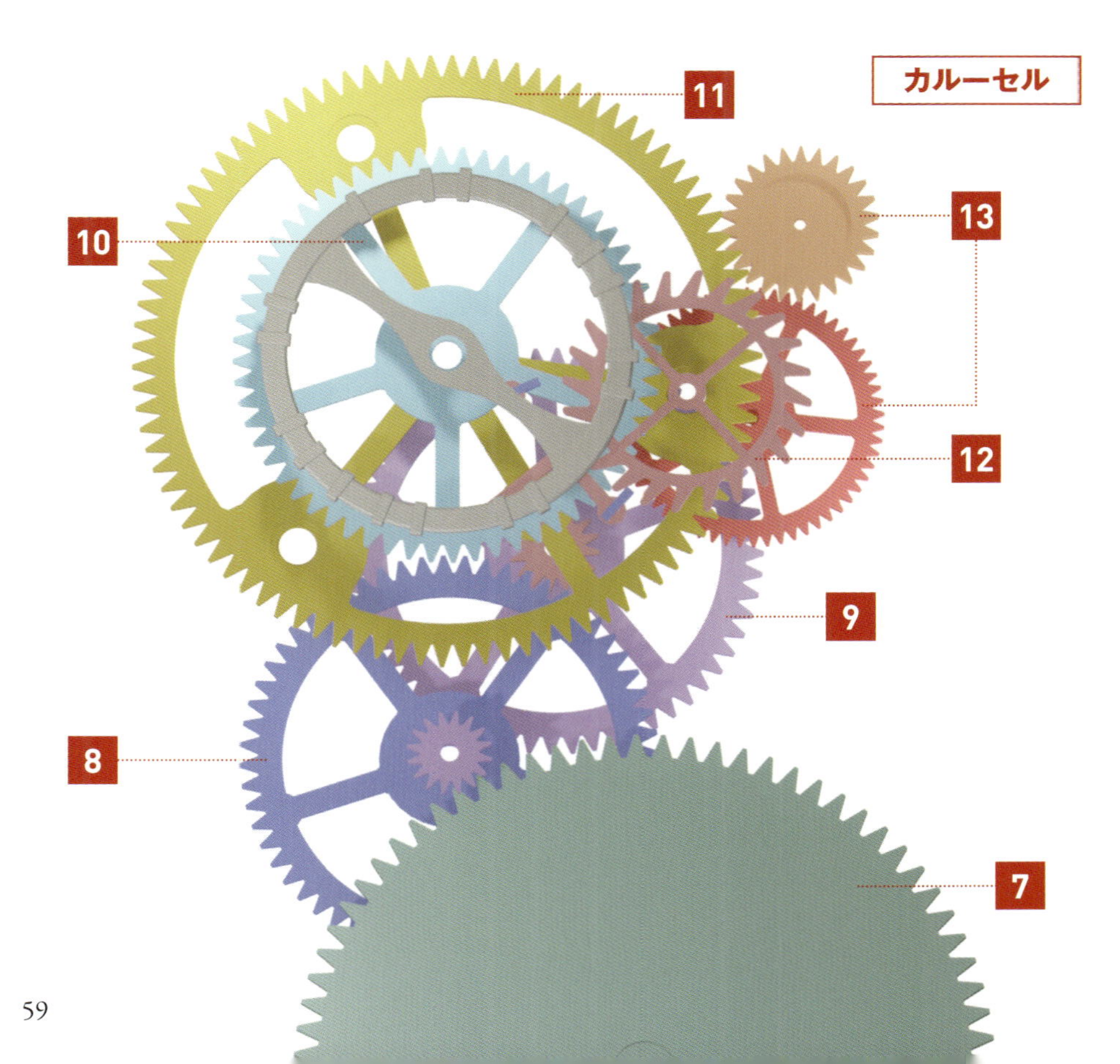

スリー・ブリッジ

1867年から続く3本平行配置の伝統

ロゴにも用いるアイコン

ジラール・ペルゴというブランド名の由来である、時計師コンスタン・ジラールは、1852年に工房を開くと、当時成功例が極めて少なかったトゥールビヨンの製作に挑んだ。それが実を結んだのは、1867年。ジラールは、香箱と二番車、トゥールビヨンを一直線に配置した設計を採り、それぞれを平行する3つのスリムなブリッジで固定することで、完璧なシンメトリーを織り成した。後にブリッジは、矢印型のゴールド

スリー・ブリッジのココがすごい！

シンメトリーな美観をムーブメントにもたらし、また香箱、二番車、トゥールビヨンを、それぞれ個別に調整可能とする。

右ページの写真が、ジラールの意匠を受け継ぐ「スリー・ゴールドブリッジ」。これはブリッジ形状をアーチ状に再解釈した「ネオ・スリー・ブリッジ」。

製に改められ、「スリー・ゴールドブリッジ」と呼ばれるようになる。

ジラール・ペルゴは、1982年に懐中時計で、1991年には腕時計で「スリー・ゴールドブリッジトゥールビヨン」を実現。ひと目でそれとわかる「スリー・ゴールドブリッジ」の矢印形状は、ロゴにも使われるメゾンのアイコンとなった。

スリー・ブリッジ

搭載モデル

スリー・フライング ブリッジ トゥールビヨン

地板もネオ・スリー・ブリッジと同じ形状・構造を採ることで、すべてのパーツが宙に浮いているかのような外観をかなえた。各ブリッジと地板はアーチ状であるため、耐衝撃性にも優れる。自動巻き。径44㎜。18KPGケース。アリゲーターストラップ。

3つの平行するブリッジで香箱・輪列・トゥールビヨンを固定

「スリー・フライング ブリッジ トゥールビヨン」のムーブメントの部品数は260個。ほぼすべてがダイアルと裏蓋から見えるため、入念に手仕上げする。

今あるトゥールビヨン・ムーブメントの大半は、地板を裏蓋側とした反転式にすることで、キャリッジをダイアルの開口部から覗かせている。1991年に登場した「スリー・ゴールドブリッジ トゥールビヨン」（腕時計）も反転式であり、ダイアルをスケルトンにし、キャリッジに加え、特徴的な3本のブリッジを露わにした。

さらに2021年に生まれた「スリー・フライング ブリッジ トゥールビヨン」では、地板をブリッジと同じ形状として豊かな透明感をもたらした。左の図は裏蓋側から見た様子。平行する3つの地板は、上から香箱①と自動巻き機構②、二番車③と巻き上げ機構④、三番車⑤とキャリッジ⑥

GIRARD-PERREGAUX

11/30

を、それぞれ同じ形状のダイアル側のブリッジでサンドしている。そして各地板とブリッジの両サイドは、ケース内径から突き出た支柱で固定され、全パーツを宙に浮かす。

香箱の上に比重が高いプラチナ製のマイクロローターと巻き上げ機構を構築することで、スリー・ブリッジの姿を遮ることなく、自動巻き化に成功した。

AUDEMARS PIGUET ● オーデマ ピゲ

ダブル バランスホイール

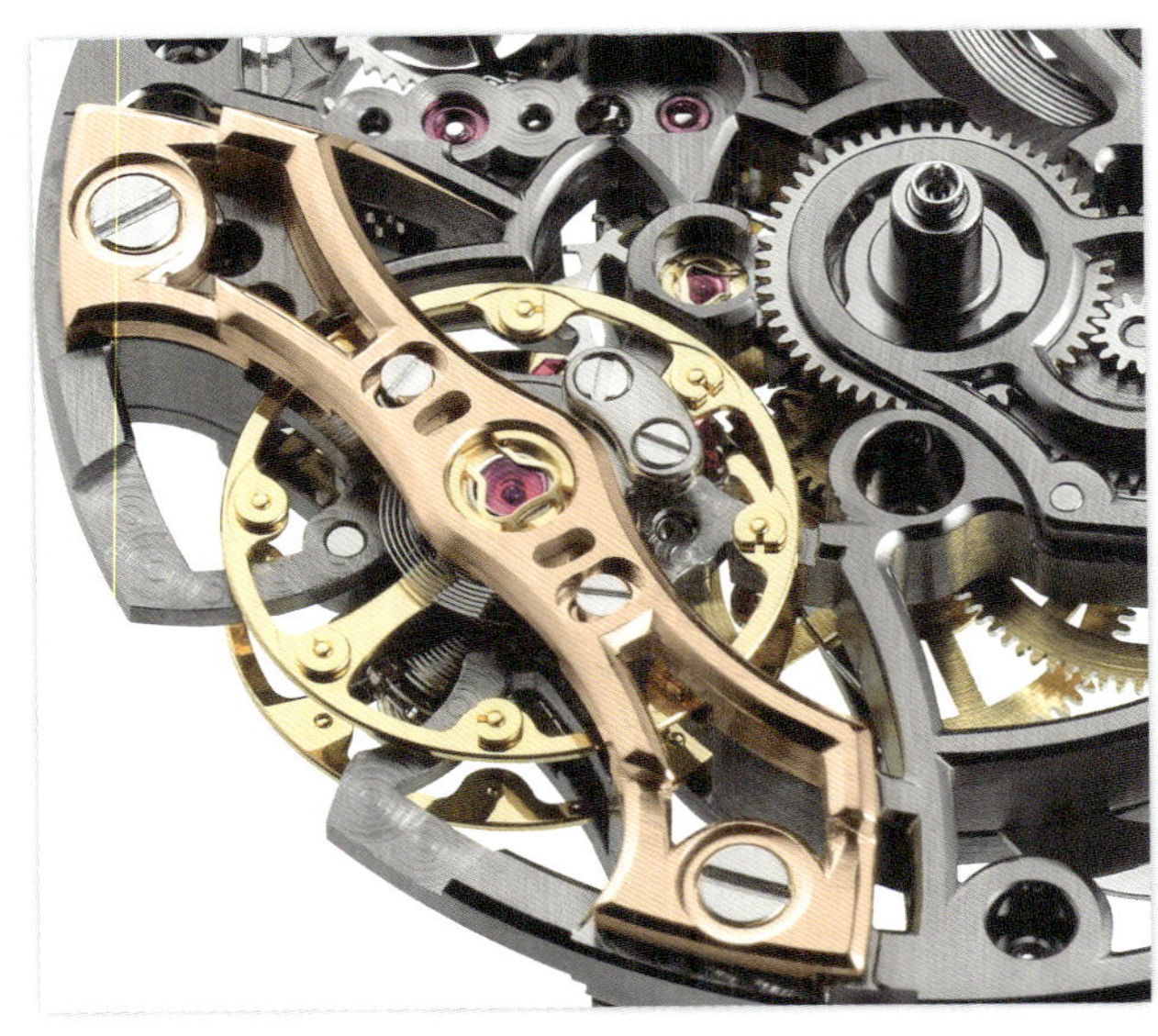

慣性モーメントを高める2層テンプ

最小の設計変更で高精度化

2つのテンプが備わるムーブメントは、現行機にいくつも存在し、本書でも5モデルを取り上げている。オーデマ ピゲが2016年に完成させた「ダブル バランスホイール」も、その中の1つ。しかし他社と異なり、2つのテンプは同軸上にある。

テンプは、慣性モーメント（44ページ参照）が大きいほど振動が安定し精度が高まる。しかしスペース的にテンプの大きさには限界がある。そこでオーデマ ピゲは、テンプの

ダブル バランスホイールの
ココがすごい！

2つのテンプを同軸上に配置することで慣性モーメントが高まり、精度が向上。しかも、既存のムーブメントに転用しやすい。

2つのテンプを積層させると高さが出るが、その分をスケルトンムーブメントとすることでダイアルを取り去り、シングルテンプと同等のケース厚を実現。

慣性モーメントを高めるスペースを上下に取った。すなわち2つのテンプを同軸上に配置することで、全体の慣性モーメントを高めたのである。各テンプの大きさは、ベースとなったキャリバー3120と同じ。結果、テンプ周りを設計変更するだけで「ダブル バランスホイール」化を実現し、精度を30％向上させた。

ダブル バランスホイール
搭載モデル

ロイヤル オーク ダブル バランスホイール オープンワーク

Cal.3120を「ダブル バランスホイール」化し、スケルトナイズ。残した地板とブリッジをPGカラーに染め上げ、華やかかつ豪華な装いとした。ダイアルからは主ゼンマイの動きまで見ることができる。自動巻き。径41㎜。SSケース＆ブレスレット。

慣性モーメントの増大に加え ひげゼンマイの重心の偏りも解消

AUDEMARS PIGUET

12/30

典型的な「ジャイロマックス・テンプ」(P.44参照)を採用。各テンプは、それぞれの耐震装置が備わる専用のブリッジで両サイドから確実に支えられる。

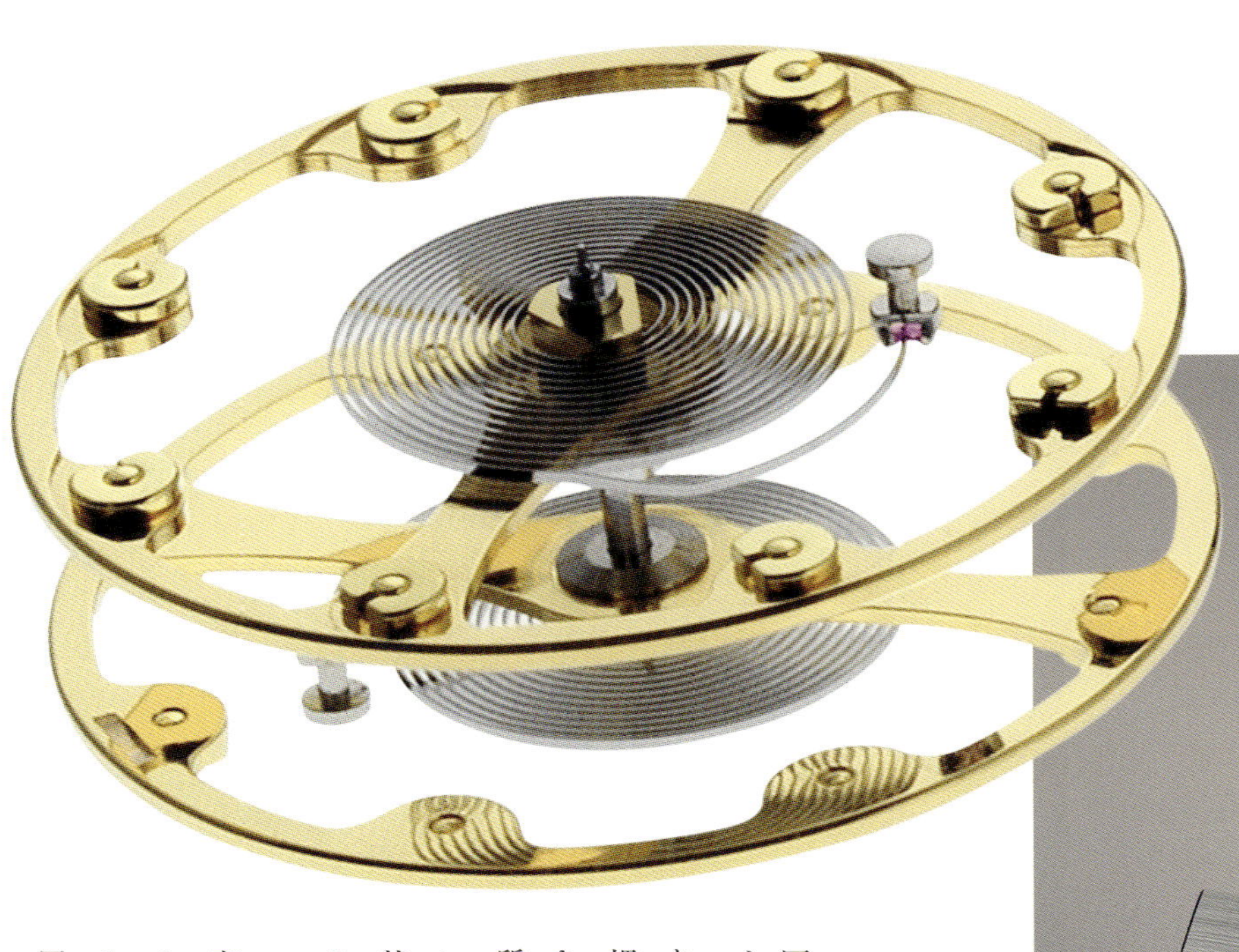

44から45ページで、「慣性モーメントとは、物体の回りにくさを示す数値」だと述べた。と同時にそれは、〝止まりにくさ〟を示す数値でもある。慣性とは、物体がそのままの動きを維持しようとする物理的性質。慣性モーメントが大きいテンプは、振動を始めると、運動状態をより強く維持しようとするため、精度が安定するのだ。

その慣性モーメントを大きく高める「ダブル バランスホイール」は、上の図のように同じテンプを反転させて同軸上に設置している。すなわち各テンプのひげゼンマイは、互いの巻き方向が180度逆となる。これにより各ゼンマイの伸縮時に生じる重心の偏りが解消され、大きな慣性モーメントとのダブルの効果で、より精度が上がる。

同軸上で反転させた2つのテンプは振り座（16ページ参照）を共有でき、脱進機が1つで済むことも、大きなメリットだ。

BREGUET ● ブレゲ

マグネティック・ピボット

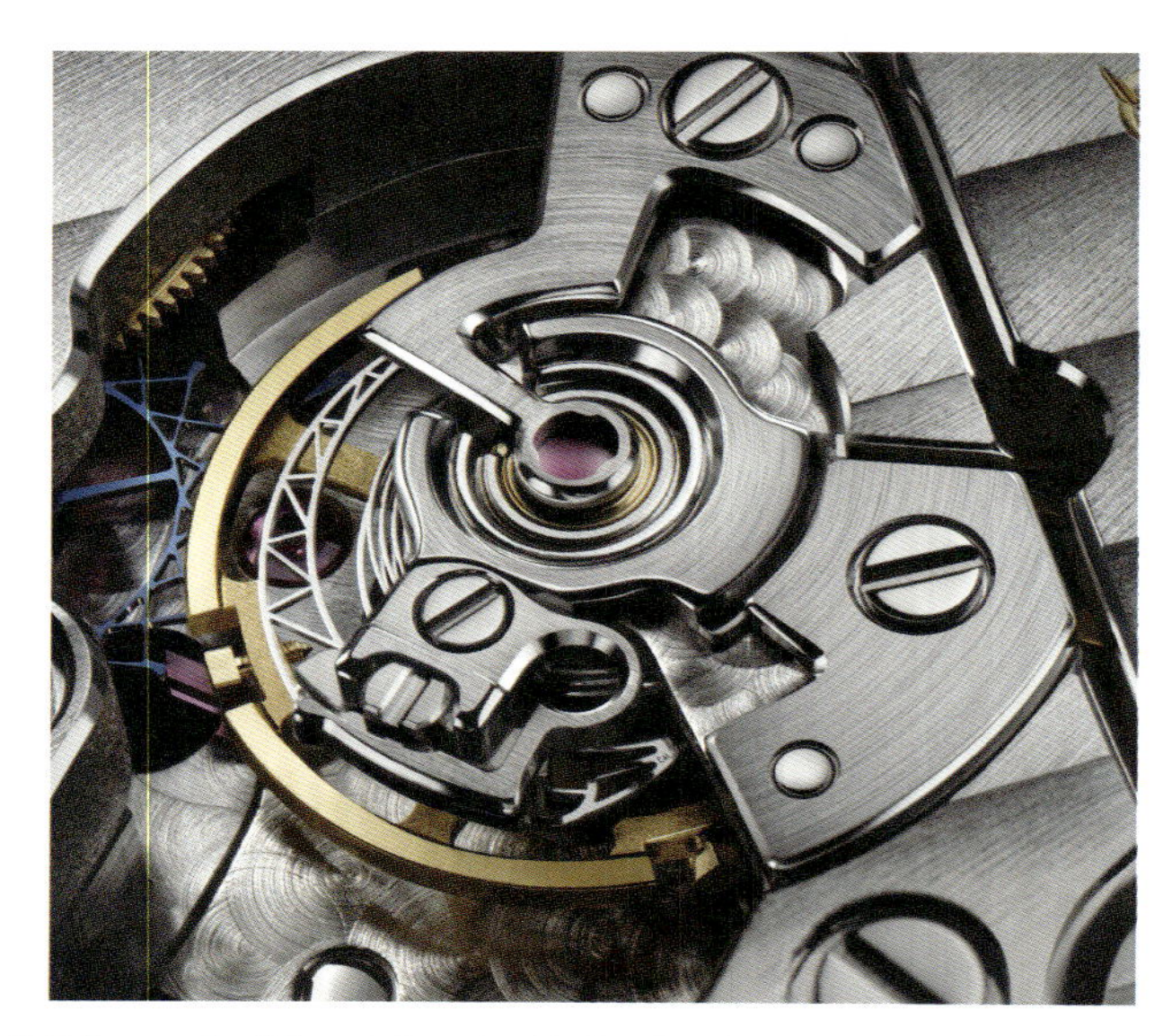

時計の大敵である磁力を味方にした軸受け

磁石の力で重力に強く抗う

アブラアン－ルイ・ブレゲが発明したトゥールビヨンは、48ページで述べたように姿勢差による天真の位置のズレの平均化を図る機構である。そして現代のブレゲは、機械式時計の大敵である磁石の力で、天真の位置のズレを大幅に軽減してみせた。

2013年に誕生した「マグネティック・ピボット」は、強力な磁石で天真を支える、前代未聞の軸受けである。ブレゲが他社に先駆け取り組んできた、磁気帯びしないシリコ

マグネティック・ピボットの
ココがすごい！

磁石を用いた唯一の軸受けであり、既存の軸受けに比べ、精度・振動数・耐衝撃性・駆動効率のすべてが格段に向上する。

「マグネティック・ピボット」を初採用したCal.574DRは、手仕上げが行き渡る。この写真では初代考案のパラシュートを進化させた耐震装置の形がわかる。

ン製の脱進機とひげゼンマイが、磁石を味方にすることを可能とした。

さらに「マグネティック・ピボット」は、天真との間の摩擦を極限まで減らし、毎秒20振動という超ハイビートを実現。加えて耐衝撃性も、通常の軸受けよりはるかに向上する。

現代のブレゲは、磁力で重力に強く抗い、超高精度を実現した。

マグネティック・ピボット

搭載モデル

クラシック クロノメトリー 7727

ダイアルは、6種類の異なるギヨシェで彩った。1時位置には毎秒20振動を実感できる1/10秒計、5時位置には60時間のパワーリザーブ計を装備。2時位置にはパラシュート耐震装置が覗く。手巻き。径41㎜。18KRGケース。アリゲーターストラップ。

上下2つの磁力でテンプを挟み軸位置や回転をコントロール

BREGUET
13/30

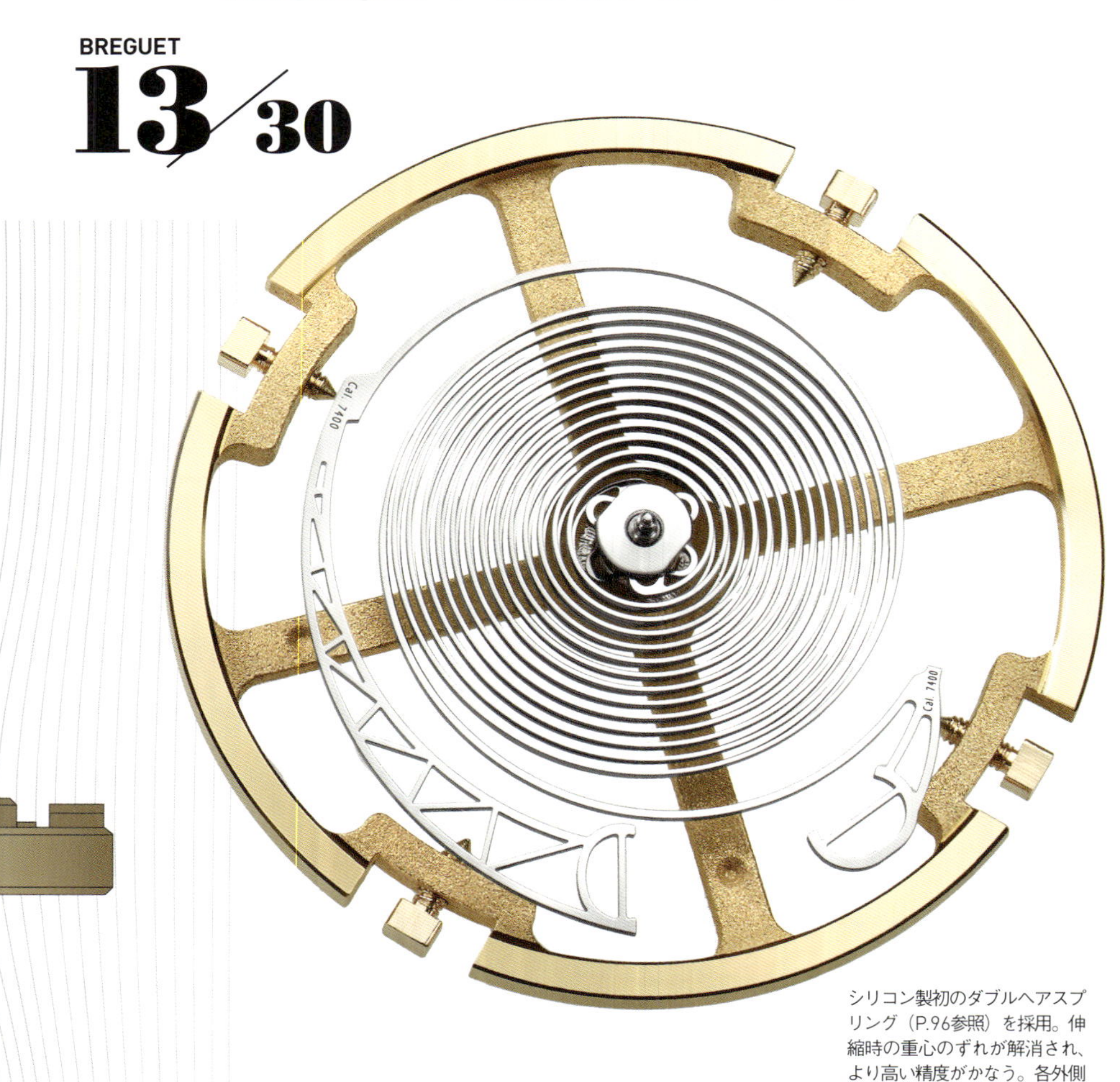

シリコン製初のダブルヘアスプリング（P.96参照）を採用。伸縮時の重心のずれが解消され、より高い精度がかなう。各外側終端は装飾的に形作られている。

天真の先はダイアル側だけに接し、裏蓋側では宙に浮く。摩擦が極限まで少なくなるため、ハイビート化と同時に高効率化もかなえ、60時間駆動を実現した。

左図は、「マグネティック・ピボット」が形成する磁場の概念図である。上がダイアル側。裏蓋側より磁石が大きいため、天真はダイアル側に強く引き寄せられている。同時に上下の磁力の差により、天真に電磁誘導が働いて磁力を得る。結果、上下の軸受けの磁石に対する引力は、より強くなる。

各軸受けの表面には平滑な人工ルビーが設置され、そのダイアル側の中心位置だけに天真の先は接するため、摩擦は極めて少なくなり毎秒20振動のハイビートが可能に。また時計の傾きが変わっても、強い引力で天真の位置は保持される。さらに強い衝撃を受けて天真がずれて磁場が乱れると、乱れを補正する方向に磁束が働き、元の位置に戻る。まさに磁石が味方だ。

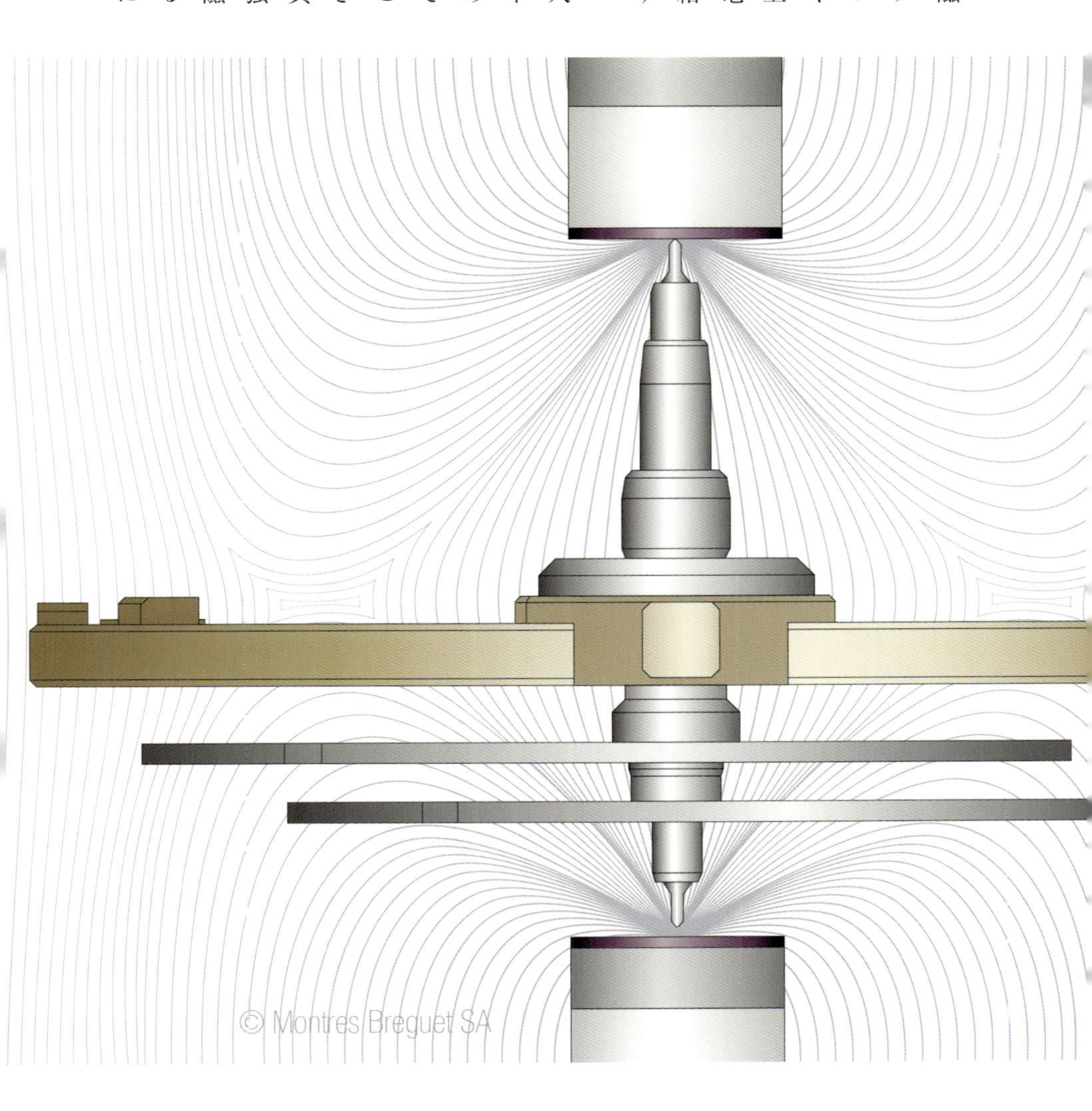

ツインビート

1つの時計で2つの振動数が選択できる

ハイビート+ロービート

ヴァシュロン・コンスタンタンが2019年に発表した「ツインビート」機構も、2つのテンプを有する。しかし、目的は他社とは異なる。

テンプは振動数が速くなると、振動が安定して高精度が得やすいが、駆動時間が短くなる。そこで「ツインビート」は、2つのテンプに異なる振動数を与えた。1つは毎秒10振動、他方は毎秒2・4振動で、7時位置のボタンでどちらか一方だけを働かせるしくみ。着用時には毎秒10

ツインビートの ココがすごい！

着用時には毎秒10振動で高精度を、保管時には毎秒2.4振動で長時間駆動をと、ハイとローの各振動数の利点が享受できる。

9時位置に現在の振動数を示すインジケーターを装備。12時位置のパワーリザーブ計の目盛りは、内側の黒字が毎秒10振動用、外側の赤字が毎秒2.4振動用。

振動のアクティブモードとしてハイビートによる高精度を得、外した際には毎秒2・4振動のスタンバイモードでパワーリザーブを節約する。スタンバイモードでの最大駆動時間は、実に65日間にも及ぶ。これで長期間時計は止まらず、搭載する永久カレンダーがずれる心配が大幅に解消される。

ツインビート
搭載モデル

トラディショナル ツインビート・パーペチュアルカレンダー

ダイアル下部の半透明なインダイアルは、右が月、左が日付表示。それらの間にはディスク式の閏年表示が備わる永久カレンダーがあり、透明なダイアルから、日・月を送るレバーを覗かせた。手巻き。径42mm。Ptケース。アリゲーターストラップ。

片側テンプを押さえて停止させる

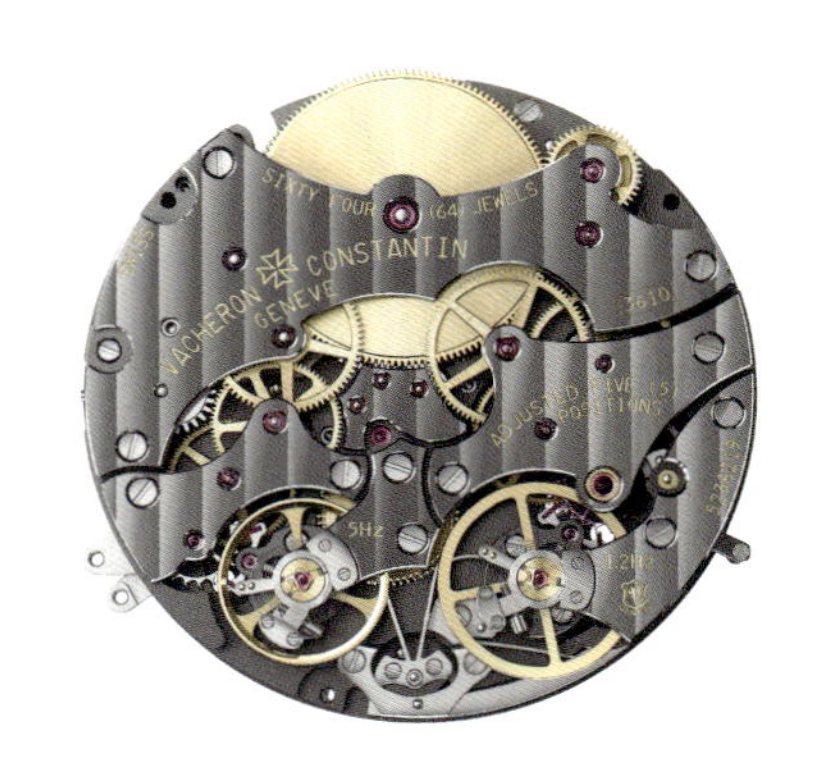

下の写真が振動数の異なる2つのテンプで、右側の毎秒2・4振動のテンプには、超ロービートに最適化した極細のひげゼンマイが使われている。そして7時位置のボタンを押すと、2つのテンプの間にあるレバーが一方を押さえて停止させるしくみ。右の写真から各テンプには1つの香箱から二手に分かれたそれぞれの専用輪列で駆動力が伝達されているとわかる。各輪列は、二番車の間のディフ

切り替えボタンを押すとレバーが

アレンシャルギアで連結している。50ページで述べたように、ディファレンシャルギアは1つの入力周期を異なる2つの出力周期に振り分けられる。それは、0対100でも可能で、だから一方のテンプの動きを止めても他方は動き続けられるのである。

さらに香箱にもディファレンシャルギアが備わり、毎秒10振動時に必要な大きな出力は香箱の下側から、毎秒2・4振動時の小さな出力は上側からそれぞれ供給でき、さらに巻き上げにも切り替わる設計としている。

加えてアクティブモードとスタンバイモードのパワーリザーブ表示を1本の針で行うための2つのディファレンシャルギアも装備。「ツインビート」は、計4つのディファレンシャルギアで、異なる振動数を操る。

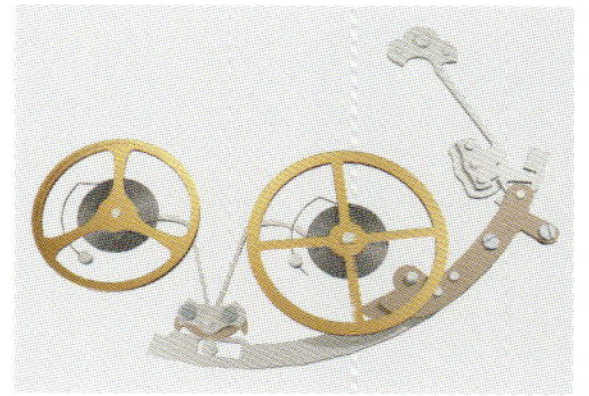

7時位置のボタンを押す度に、触角にも似た二股のレバーが備わるカムが左右の順に動き、レバーの先端が、それぞれのテンプの振り座(P.16参照)に触れてブレーキをかける。

図最上部にあるのが香箱。右のハイビートは下側、左のロービートは上側から出力を受けている。香箱の真下にあるのが、2つの輪列を連結するコンパクトなディファレンシャルギア。

香箱上にある遊星歯車によるディファレンシャルギアが、各振動数に適した出力を分配。香箱の右にあるのがパワーリザーブ計用、左が2つの輪列をつなぐディファレンシャルギア。

機械式発光ダイアル

機械式小型発電機で電力を供給

オンデマンドな発光装置

1908年、ラジウム塗料が発明されたことで、時計は暗所での視認が可能となった。パネライ家3代目グイドは、これをより強く光るよう改良。「ラジオミール」の名で特許を取得した。さらに風防で遮断できるβ線を発するトリチウムを基材とした自発光性夜光塗料「ルミノール」を、1949年に開発している。

夜光ダイアルのパイオニアであったパネライは2024年、塗料に代わる発光システムを実用化した。ム

機械式発光ダイアルの
ココがすごい！

上の写真のように薄明りの中でも光っていることがわかるほど、強力に発光。蓄光塗料のように剥がれたり、劣化しない。

外部にある逆回転防止ベゼルの0位置マーカーを光らせるため、500m防水を維持したまま電気を誘導できる構造を開発。起動ボタンも完璧に防水されている。

ーブメントに超小型の発電機を組み込み、その電力で針やインデックスなどに取り付けた計60個のLEDを発光させる「Elux」である。これはパネライが1966年に特許を取得した均一な発光面で構成されたパネル技術の応用であり、発電機は8時位置のボタンを押したときだけ作動。オンデマンドで光を放つ。

機械式発光ダイアル

搭載モデル

サブマーシブル Elux LAB-ID

深いブルーを呈するケースは、独自のセラミック化チタン製。極めて軽く、かつ硬い。6時位置にはパネライではお馴染みの水平式パワーリザーブ計を装備。年50本生産され、計150本限定。自動巻き。径49㎜。Ti-Ceramitechケース。ラバーストラップ。

特別な電子回路なしでLEDを灯す 完全機械式交流発電機

導線を巻いたコイルの中で磁石を回転させると、電磁誘導によって電流が生じる。磁石が形成する磁束が回転によって変化し、導体が電位差を起こし、電子が移動するからだ。

このファラデーの電磁誘導の法則を応用した発電機を、パネライは8×2・6㎜という超ダウンサイズを行ってムーブメントに組み込んだ。このサイズでも十分な発電が得られるよう、6個のコイルを円状に配置。その内側でローターに備わる永久磁石が香箱から4つの増速歯車を介して動力を受け、毎秒80回で高速回転して電流を生み出すしくみだ。発電用ローターには、専用の調速機が備わるという。このマイクロ発電機には、4つの専用香箱が充てられ、30分間の連続発光を可能にしている。

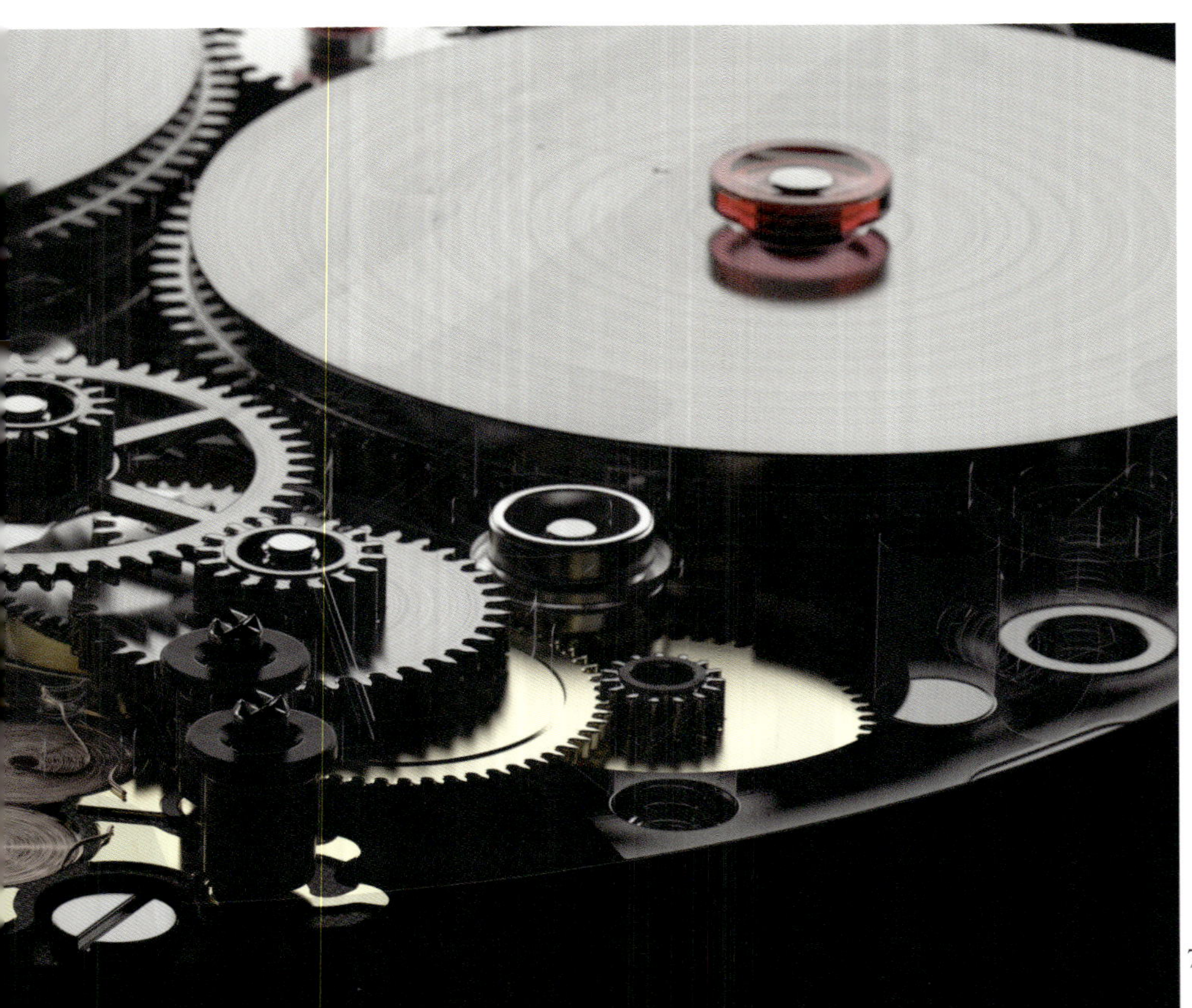

時分針には内部反射する中空の導光パネルをセット。針と同軸のリングの右側面に備わる５つのLEDの光がパネル内を進み、動いている間でも均一に発光させる。

３層×２列の計６つの香箱を装備。うち４つでオンデマンドのパワーライト機能を作動させるエネルギーを貯める。残り２つは時刻表示用で、３日間駆動。

PANERAI
15/30

香箱からローターへと、動力伝達する様子。ローターには強力な磁石が取り付けられているが、その磁力が脱進機やひげゼンマイに影響しない構造になっている。

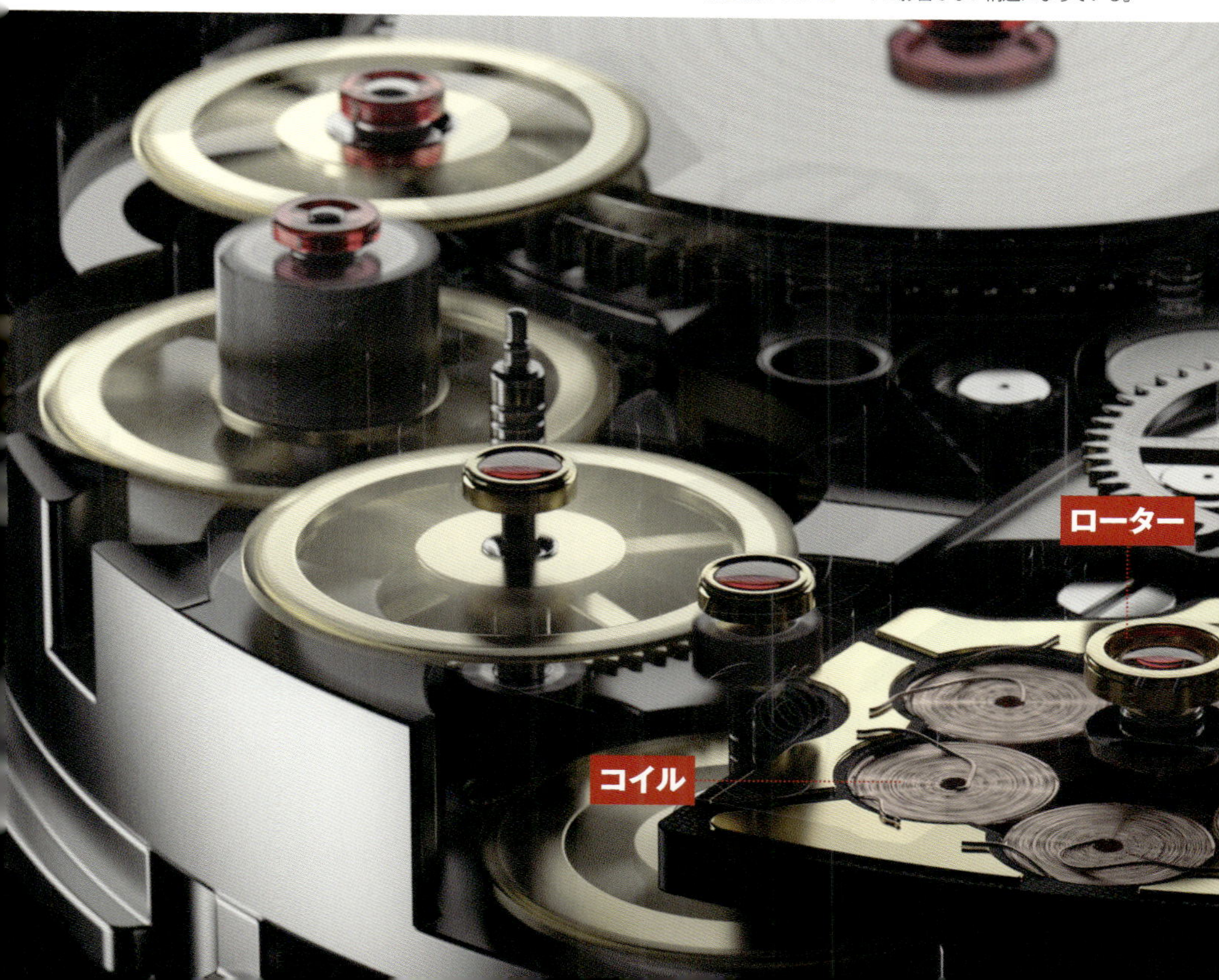

HUBLOT ● ウブロ

14デイ パワーリザーブ

7つの香箱で約2週間も動き続けるスタミナを確保

コーアクシャル7バレル

2000年以降、1週間以上のロングパワーリザーブが備わるムーブメントが、各社から登場するようになってきた。長時間駆動を実現するには、長尺のゼンマイが必要となる。それを格納する主な手段は、香箱を大型化するか、あるいは複数の香箱（マルチバレル）で長さを分配するかの2つが採られてきた。しかし大型の香箱は、後述する理由でそのままでは手巻きには向かず、マルチバレルにも、スペース的な限界がある。

14デイ パワーリザーブの
ココがすごい！

計7つの直列香箱は、他に例がない。約2週間の駆動に必要な長さのゼンマイを7つに振り分けたことで、精度も安定する。

ウブロは、ダイヤモンドに次ぐ硬さを持つサファイアクリスタルの加工技術に長ける。7連香箱を収めるための大きく強いカーブを、切削で見事に実現した。

ウブロは2018年、7個の香箱を同軸（コーアクシャル）で直列とし、大きく湾曲させたサファイアクリスタル製の風防の下に収め、約14日間もの超ロングパワーリザーブを実現してみせた。香箱を垂直に回転させるという大胆なしくみは、類例がほぼない。ましてや7個直列は世界初にして、唯一無二の存在だ。

14デイ パワーリザーブ

搭載モデル

ビッグ・バン MP-11 14デイ パワーリザーブ ウォーターブルーサファイア

自社製の14日間巻きムーブメントは清冷な水に浮かんでいるかのよう。7連香箱部分が突き出しているが、14.4㎜という常識的なケース厚に抑えられ、日常使いが可能だ。限定50本。手巻き。径45㎜。サファイアクリスタルケース。ラバーストラップ。

同軸7連香箱の垂直回転による力をウォームギアで水平に変換

HUBLOT

16/30

ダイアル側。７連香箱と主輪列は、香箱左端のウォームギアだけで接し、他は切り離されている。香箱の左側に、シリンダー式のパワーリザーブ計が備わる。

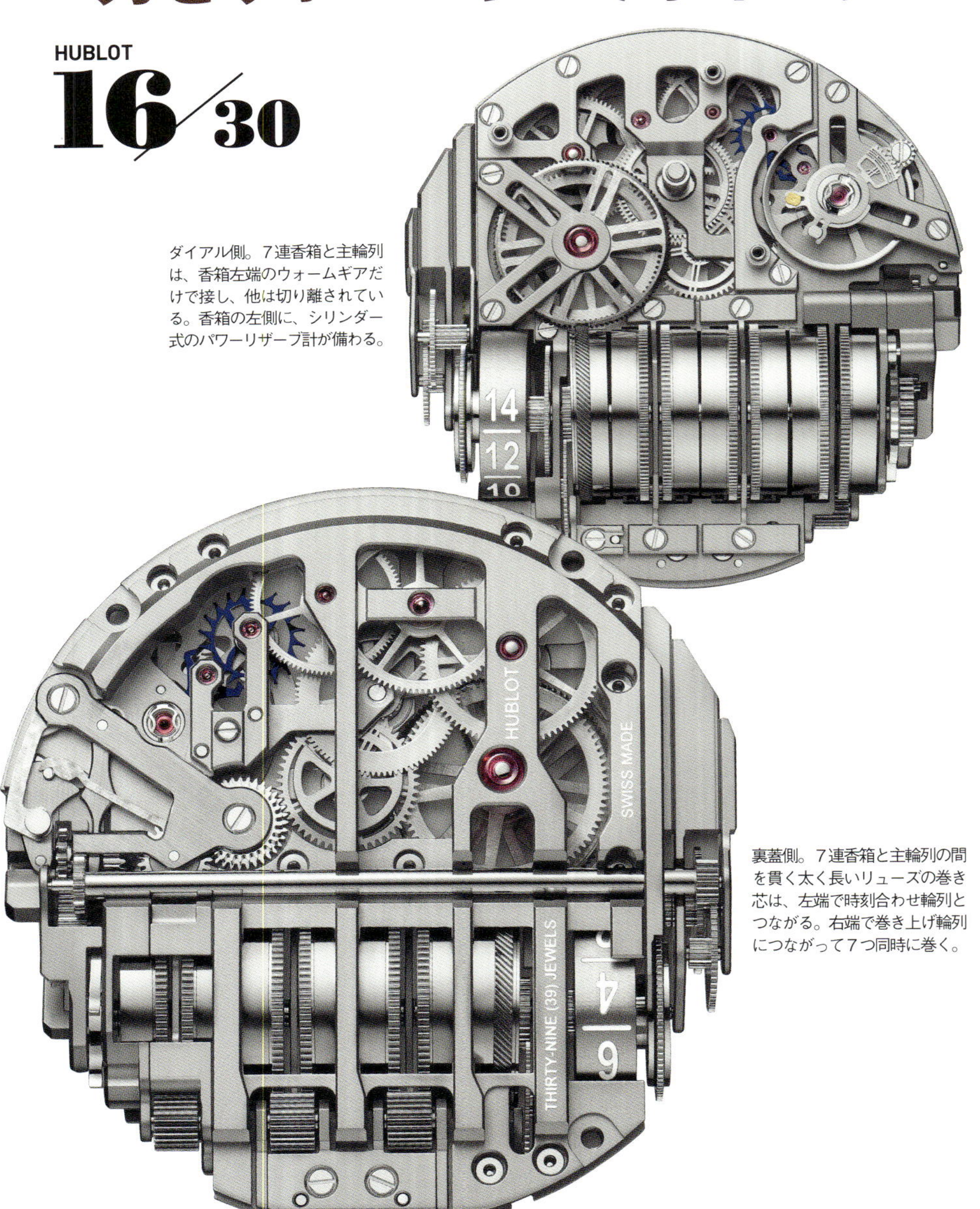

裏蓋側。７連香箱と主輪列の間を貫く太く長いリューズの巻き芯は、左端で時刻合わせ輪列とつながる。右端で巻き上げ輪列につながって７つ同時に巻く。

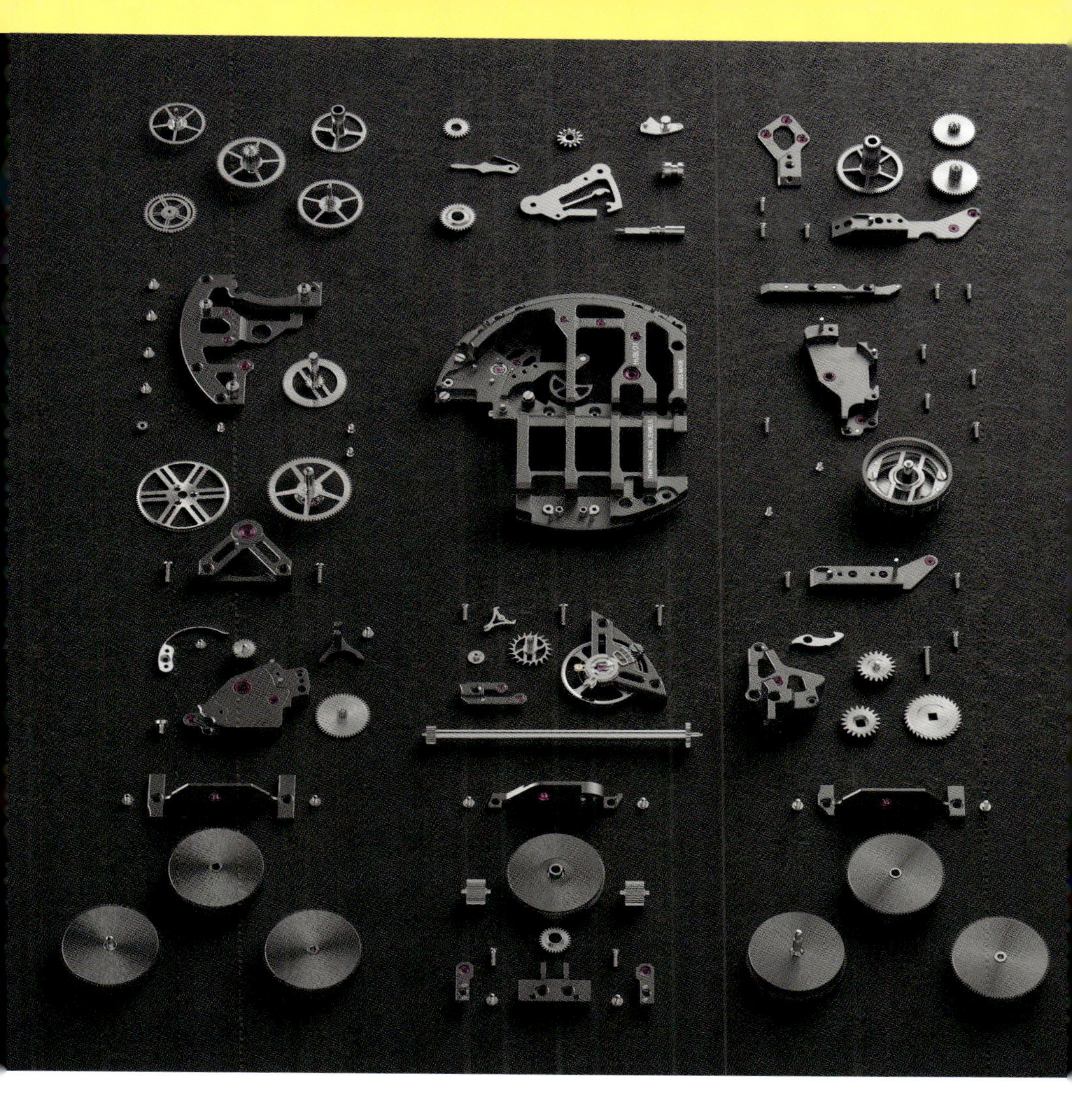

右ページの上の写真では、左端の香箱が歯が斜めのウォームギアになっていて、上の主輪列に駆動伝達していることがわかる。斜めの歯によって香箱の垂直回転による力が、主輪列の水平な力に変換される。

また7つの香箱は、ウォームギアが付いたもの以外は2つで1組として、それぞれの角穴車が向かい合うよう取り付けられている。そして右ページ下の写真の最下部にある3つの筒状の歯車で一斉に巻き上げる設計。ウォームギア香箱の右側には、その巻き上げ用の歯車が見える。

長尺のゼンマイは、巻き戻る際にトルクが安定しない。その長さを7分割し、一斉にゆっくり巻き戻すことで14日間安定したトルクを供給させる。7連香箱は、高精度を長時間保つ。

RICHARD MILLE ● リシャール・ミル

バタフライローター

ローターが二手に分かれ、回転力を失う

蝶の羽のように広がる

自動巻きローターは、ゼンマイが完全に巻き上がってからも、腕の動きに準じて動き続ける。その際、過剰な力が加わらないようゼンマイが香箱内でスリップする構造になっている。そしてスポーツなどで腕が激しく動き続けるとスリップによる香箱への負荷が増大し、摩耗が進む。

この自動巻き機構の弱点を、リシャール・ミルは解決した。そのキーパーツが「バタフライローター」だ。ローターは、重心の外側への偏りが

バタフライローターのココがすごい！

技術者の手を借りなくても、ユーザーがオンデマンドでローターの巻き上げを操作でき、運動中の過剰な負荷を解消。

ローターが二手に分かれた「スポーツモード」の状態。左右の重量バランスが均等になるため回りにくくなり、ゼンマイの巻き上げに必要な回転力を得ることができず、ゼンマイを巻き上げない。

大きいほど強く回転する。多くが半円形とし外周を重くしているのはそのためだ。「バタフライローター」も、通常は右ページの写真のように半円形だが、ボタンを押すと蝶が羽を広げるように2つに分かれ（上の写真）、重心の偏りを解消。巻き上げに必要な回転力を失う。これで着けたまま運動しても安心だ。

バタフライローター

搭載モデル

RM 35-03 オートマティック ラファエル・ナダル

８時位置のボタン操作でローターが「スポーツモード」と「通常モード」に切り替わる。ケースは、極めて硬くかつ軽量な独自素材製。自動巻き。ケース49.95×43.15㎜。クオーツTPT®＋カーボンTPT®ケース。ラバーストラップ。

カム、太陽歯車、遊星歯車からなる大がかりな二分割システム

2枚の羽は歯車①を介して回転軸上で連結される。歯車①は、右側の羽にのみ固定されているので、作動装置の動きに左側の羽は追随せず、二手に分かれる。

上の写真が2分割になった「バタフライローター」。左側の羽に備わる中空の軸には歯車①の軸が貫通し、歯車①の軸に右側の羽がねじ留めされる構造になっている。左ページ上が、通常モードの状態。ローターの下には櫛歯が備わるカム②と、その歯と噛み合う歯が付いたバー③で連結された二層の太陽歯車④と遊星歯車⑤からなる差動歯車が見えている。

操作ボタンを押すと、レバーがカム②のロックを解除し、バネ⑥の力によりカム②を右に回す。この回転を櫛歯によってバー③に伝えて左に回転させ、遊星歯車⑤も一緒に回転。その際、太陽歯車④の下側の歯車がローターの歯車①を回し、羽が二手に分かれるしくみだ。

操作ボタンを再び押すとカム②が左に回転。差動歯車がローターを分割するときとは反対の動作をし、ローターは元通りになる。

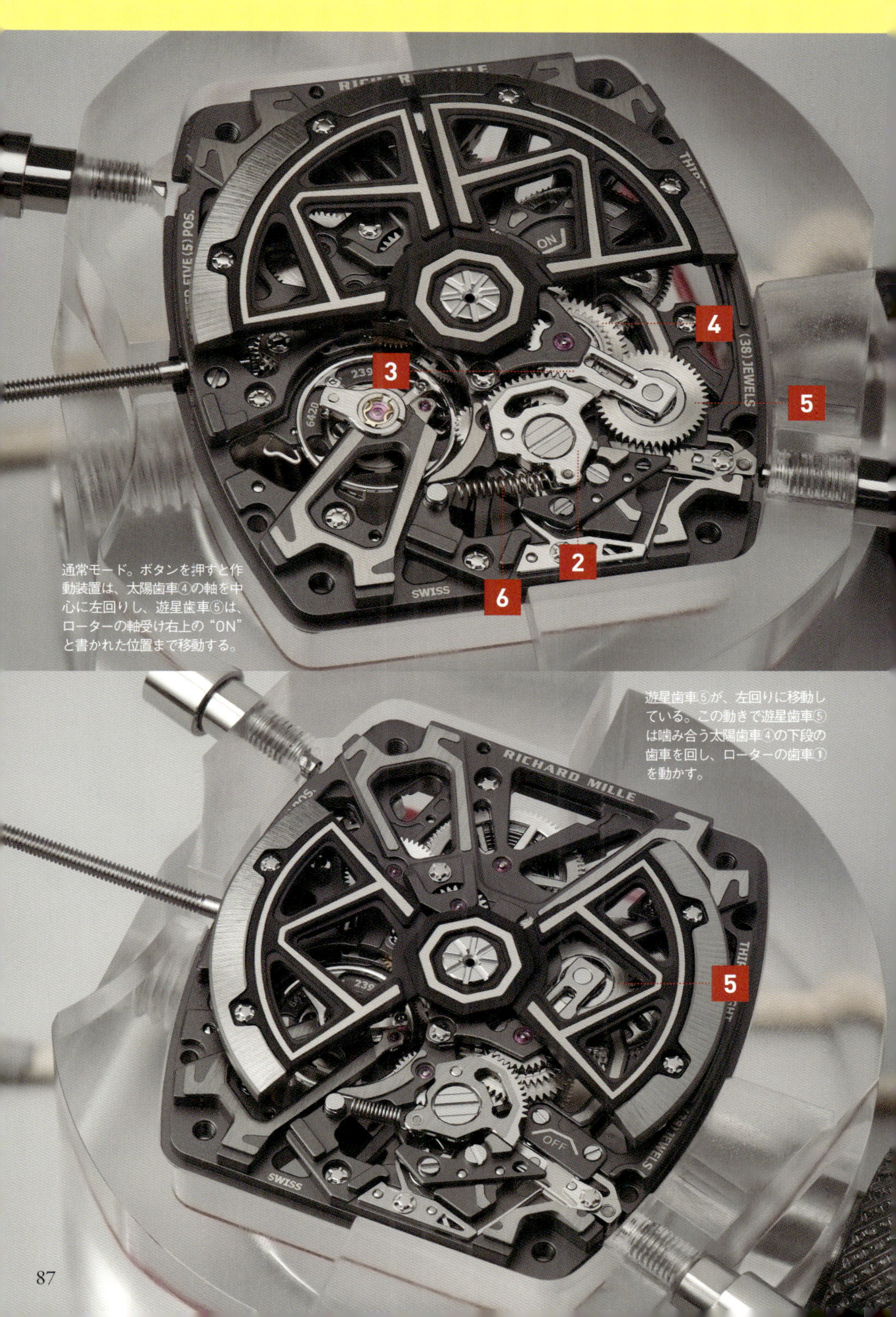

通常モード。ボタンを押すと作動装置は、太陽歯車④の軸を中心に左回りし、遊星歯車⑤は、ローターの軸受け右上の“ON”と書かれた位置まで移動する。

遊星歯車⑤が、左回りに移動している。この動きで遊星歯車⑤は噛み合う太陽歯車④の下段の歯車を回し、ローターの歯車①を動かす。

ダブルスワンネック

歩度に加え、脱進機も調整

ダブルスワンネックのココがすごい！

スワンネックは緩急針に微細な動きをさせられる。また第2のスワンネックで脱進機を最適化し、高精度な調整を可能とする。

ダブルの調整で高精度化

ドイツ高級時計の聖地グラスヒュッテに時計産業をもたらしたのは、ザクセン公国宮廷時計師の弟子たちであった。彼らがこの地で継承したザクセンスタイルを、グラスヒュッテ・オリジナルは、今に受け継ぐ。ハンドエングレービングを施したテンプのブリッジと、スワンネック緩急微調整装置も、その中に含まれる。

ひげゼンマイの有効長さを変えて歩度調整する（44ページ参照）緩急針に、白鳥の首に似たカーブで形作

ハンドエングレービングした2つのブリッジに、それぞれスワンネック型のバネが載る。その間から手前に突き出すのが、ひげゼンマイを固定するひげ持ち。

ったバネで圧力をかけることで安定性を高め、より細かな歩度調整ができるしくみは、1888年からグラスヒュッテの地でとられてきた。それを現代に再現したグラスヒュッテ・オリジナルは2002年、対称位置に第2のスワンネック型のバネを追加。これにより脱進機が最適化され、さらなる高精度がかなう。

ダブルスワンネック
搭載モデル

パノマティック インバース リミテッド・エディション

ムーブメントを反転式とし、ダブルスワンネックをダイアル側に見せた。同じく表に露わになったグラスヒュッテ伝統の3/4プレートには、古都ドレスデンの風景が手彫りされる。限定25本。自動巻き。径42㎜。Ptケース。アリゲーターストラップ。

一方はひげゼンマイにアクセスし 他方はテンプからアンクルを操作

スワンネック①に取り付けたスクリュー②を回すと、緩急針③とともに、ひげゼンマイを挟むひげ棒④が移動することで有効長さが変わり、歩度調整ができる。スワンネック①のバネ力でスクリュー②が押さえられているため微調整ができ、緩急針位置が安定する。

他方のスワンネック⑤に取り付けたスクリュー⑥を操作して移動する針⑦は、その根本でテンプ全体をわずかに回転させる。これにより振り座がアンクルのクワガタ（ともに16ページ参照）のちょうど中央になるよう調整すると、アンクルが左右対称に保持でき、ガンギ車とツメ石との噛み合いが最適化される。

それぞれ異なる機能を同じ形状でかなえることで、シンメトリーな美しさが創出された。

スワンネック2つ

ダブルで備わる独自の機構は、別名“バタフライ”。調整針の位置決めが微調整できるスワンネックの利点を生かし、より正確なアンクルの左右対称性を得ている。

スワンネック1つ

通常のスワンネック緩急微調整装置は、チラネジ付きテンプとも相まってクラシカルな印象が高い。脱進機を最適化するための別のしくみが備わっている。

3
1
2
7
4
6
5
GLASHÜTTE ORIGINAL
18/30

航空用回転計算尺

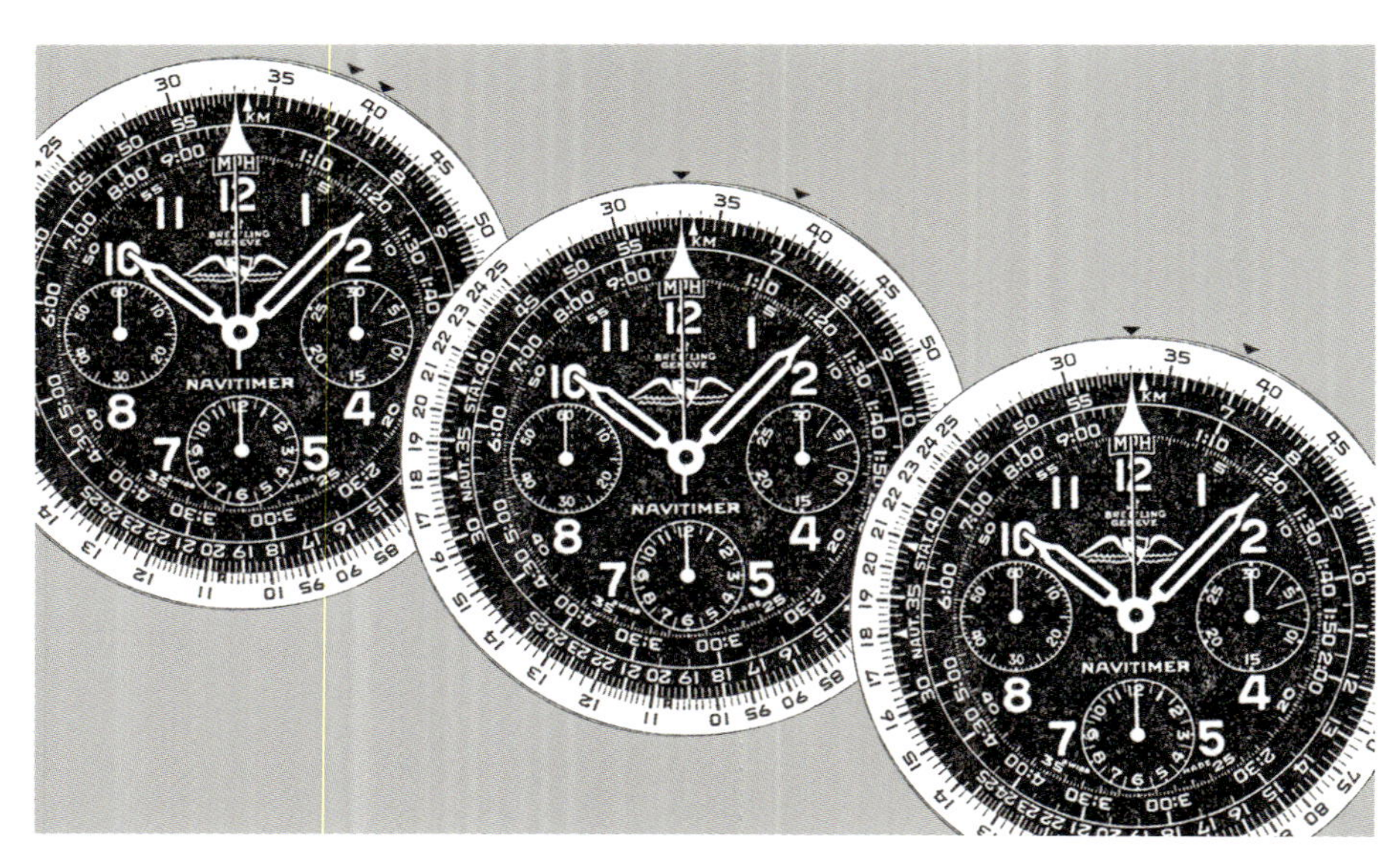

パイロットに必要な計算をベゼル操作で

航空用回転計算尺のココがすごい！

ベゼルを回すだけで、掛け算や割り算、キロとマイル、ノットの単位換算、燃料消費量などさまざまな計算が素早くできる。

腕の上の計算器

ブライトリングは1941年、ダイアルの外縁に取り付けた回転インナーベゼルとダイアル最外周とにそれぞれ刻んだ目盛りを合わせることで乗除算ができる回転計算尺を装備した「クロノマット」を生み出した。さらに1952年には、国際オーナーパイロット協会（AOPA）からの依頼に応え、計算尺の各目盛りが飛行士がフライトプランを立てるのに必要となる計算にも対応する「航空用回転計算尺」に進化。これを初

AOPA専用モデルとして生まれた初代「ナビタイマー」は、後に市販化され大ヒットを遂げた。これはAOPAの翼のマークを掲げる最初期の市販モデル。

搭載し生まれたのが、現在にまで続く「ナビタイマー」である。
計算時のベゼル操作は実にスムーズで、目盛りは極めて緻密であるのに飛行中でも見やすい。「ナビタイマー」は、コクピット計器が故障した際の優れたバックアップとして世界中のパイロットに愛され、70年を超えるロングセラーの傑作となった。

航空用回転計算尺
搭載モデル

ナビタイマー B01 クロノグラフ 43

初代の面影が色濃い現行機は、精度に優れ、信頼性も高い自社製Cal.01を搭載。3時位置が分、6時位置が時の各積算計であるのも初代と同じだ。クロノグラフ機構は、垂直クラッチ+コラムホイール。自動巻き。径43㎜。SSケース&ブレスレット。

掛け算・割り算・速度などを演算

BREITLING
19/30

掛け算

例 8×14=112

パイロットのために作られた「航空用回転計算尺」は、日常生活でもいろいろと便利に使える。使用頻度が高いのは、掛け算と割り算だろう。

右ページが掛け算の操作例。8×14の場合、ベゼルを回して乗数である14（インナーベゼル上）を、ダイアル3時位置の少し上にある計算尺の赤い10の目盛りに付く三角の単位指標に合

ベゼルを回してダイヤル目盛りで

割り算

例 **75÷15=5**

わせる。そうするとダイアル側の計算尺目盛りの被乗数である8と向かい合う外側の目盛りが、答えの112となる。

75÷15を計算する際には、左ページのように除数である15は内側、被除数である75は外側として向かい合わせるだけで、ダイアルの単位指標が答えを示す（この場合は、10倍換算）。スマホを取り出すより早い。

ダブルヘアスプリング

2つのひげゼンマイで高精度を実現

ひげゼンマイの偏心をゼロに

螺旋状のひげゼンマイは、テンプの振動に準じ、巻き込み・巻き戻しを繰り返す際、重心が次々と移動する（偏心）。これによりテンプの軸（天真）にブレが生じ、振動が不安定になる。その解消のために、ひげゼンマイの内側と外側の終端カーブの形状がさまざまに工夫されてきたが、偏心をゼロにはできていない。

そこでH.モーザーは、テンプに2つのひげゼンマイを180度向きを変えて設置することで、偏心を解消

ダブルヘアスプリングの
ココがすごい！

2つのひげゼンマイがそれぞれの伸縮時に生じる偏心を相殺し、テンプの振動を安定させることで、高精度化を図れる。

トゥールビヨンは、天真のズレを解消するための複雑機構。そのキャリッジに収まるテンプにダブルヘアスプリングを採用し、さらなる高精度化を図った。

しようと試みた。テンプの振動によって一方は巻き込み、他方は巻き戻るため、それぞれの偏心が相殺されるというわけだ。同様の試みはこれまでにもあったが、実用に至ったのはほんの数例しかない。「ダブルヘアスプリング」のしくみは、単純。しかし高度な製造テクニックなしには、決して実現できない。

ダブルヘアスプリング
搭載モデル

ストリームライナー・トゥールビヨン スケルトン

ダブルヘアスプリングとトゥールビヨンを組み合わせたムーブメントを、スケルトナイズ。レトロモダンなブレスレット統合モデルのダイアルが、豊かな透明感を得た。ムーブメントの仕上げは完璧。自動巻き。径40㎜。SSケース＆ブレスレット。

巻き方向を180度変えて重ね伸縮時の偏心を相殺

H. MOSER & CIE.

20/30

2つが重なっていてひげ棒（P.90参照）が使えないため、必然的にフリースプラングに。テンプ側面のチラネジのうちの4つの出し入れで歩度調整する。

2つのひげゼンマイの向きを180度変え、テンプに取り付けることは、難しくはない。慎重に重ね、各内側終端をテンプの中心に溶接し、外側終端は、対象位置にあるそれぞれのひげ持ちで固定すれば済む。それにもかかわらず「ダブルヘアスプリング」の実用例が稀なのは、2つのひげゼンマイの機械的特性がまったく同じでないと、却って偏心が大きくなるからだ。

H.モーザーは、高性能なひげゼンマイを製造するプレシジョン・エンジニアリング社を、同じ社屋で傘下に置いている。そこで作られたひげゼンマイを1つずつ入念に検査して、完璧なペアリングを行うことで「ダブルヘアスプリング」は、実現される。自社製造だから、ここまで手間が掛けられる。

トゥールビヨンは姿勢差による天真のズレを、ダブルヘアスプリングは偏心による天真のブレを、それぞれ解消する。これらの組み合わせは、まさに無敵。

スプリングドライブ

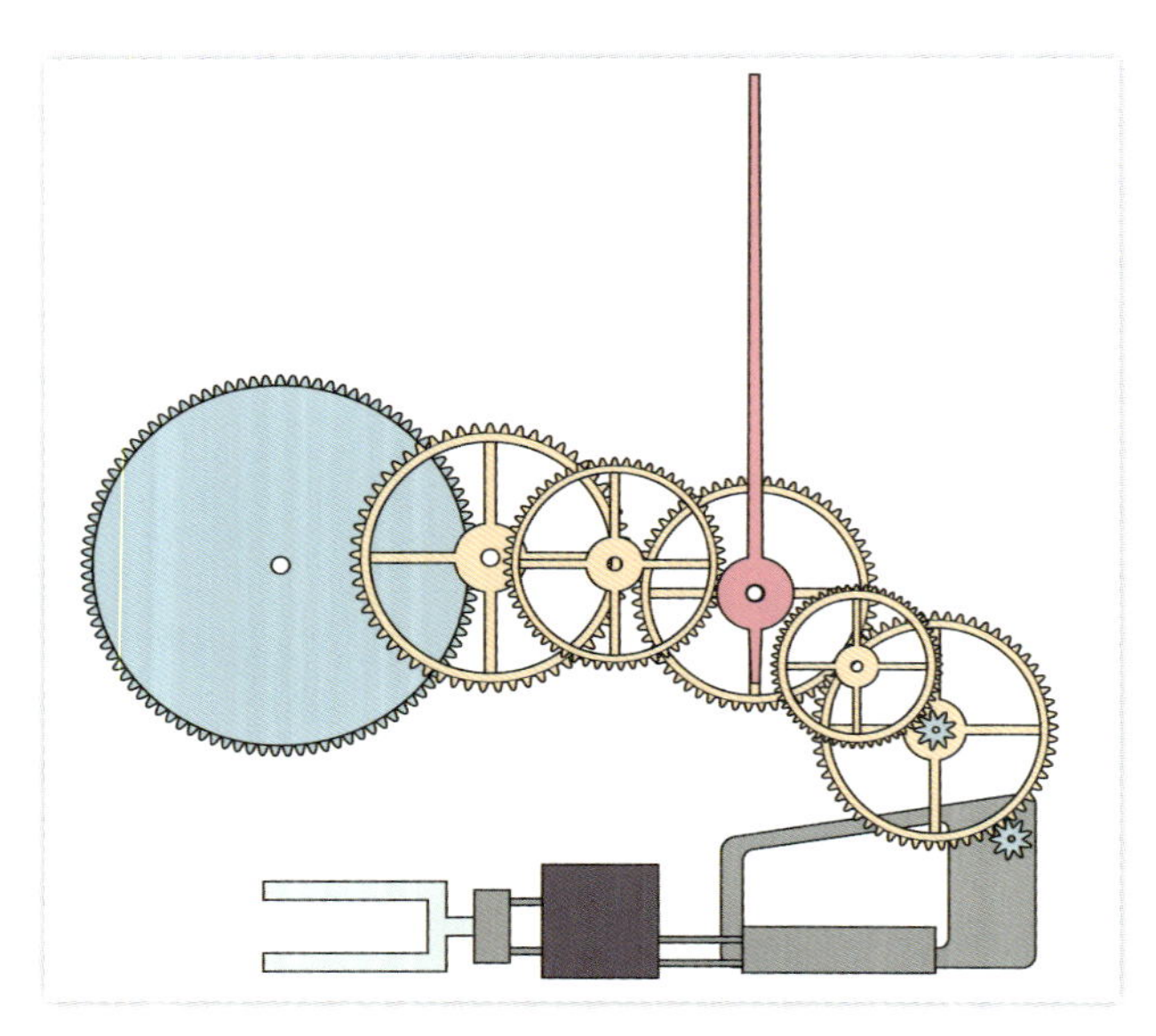

機械式とクオーツとを融合

時計のための第3のエンジン

ゼンマイを動力源とし、水晶（クォーツ）振動子を組み合わせたＩＣで制御する。セイコーが１９９９年に生み出した「スプリングドライブ」は、機械式とクオーツとを融合した、時計の〝第３のエンジン〟である。開発がスタートしたのは、１９８２年。機械式とクオーツの両方を自社製造し、経験も長いセイコーにあってなお商品化までに20余年を要した。

むろん完成しただけで満足したわけではない。「スプリングドライブ」

スプリングドライブの
ココがすごい！

ゼンマイの力で発電するため電池が不要で、クオーツと同等の高精度が得られる。またテンプがないので耐衝撃性能も高い。

最新の「グランドセイコー」専用自動巻きスプリングドライブCal.9RA2。大小2つの香箱で5日間駆動を実現し、そのパワーリザーブ計が裏蓋側に備わる。

は、その後も進化を続け、2004年には、国産時計の最高峰である「グランドセイコー」に搭載するにふさわしい約72時間のロングパワーリザーブと同機構初の自動巻き、そして月差（1ヵ月の誤差）±15秒以内という超高精度がかなえられた。

その高精度は秒針の滑らかなスイープ運針によって実感できる。

スプリングドライブ
搭載モデル

エボリューション9 コレクション
SLGA021

上のCal.9RA2を、夜明け前のそよ風に揺らぐ諏訪湖の水面から想を得た型打ちダイアルの下に潜めた。その複雑な凹凸模様により濃紺の色味が角度によって移ろう様子は、まさに諏訪湖の湖面。自動巻き。径40㎜。SSケース＆ブレスレット。

水晶振動子とICで制御

水晶に交流電圧を加えると、一定周期で振動する。この性質を利用し、水晶振動子の1秒分の振動をICでカウントし、その都度ステップモーターを180度回して、輪列の減速により6度秒針を動かすのがクオーツムーブメントのしくみ。これをセイコーは1969年、世界で初めて腕時計サイズで実現した。

「スプリングドライブ」は、香箱①の駆動力を輪列で順に伝えているまでは機械式と同じ。輪列は最終的にMGローター⑤に至り、カナ③を介して慣性板②と磁石④を回転させる。

磁石④が回ることでコイル⑥に電磁誘導（78ページ参照）が生じて発電。その電力はIC⑦に送られ、水晶振動子⑧を発振させる。その振動数は、2進法でカウントしやすい3万276

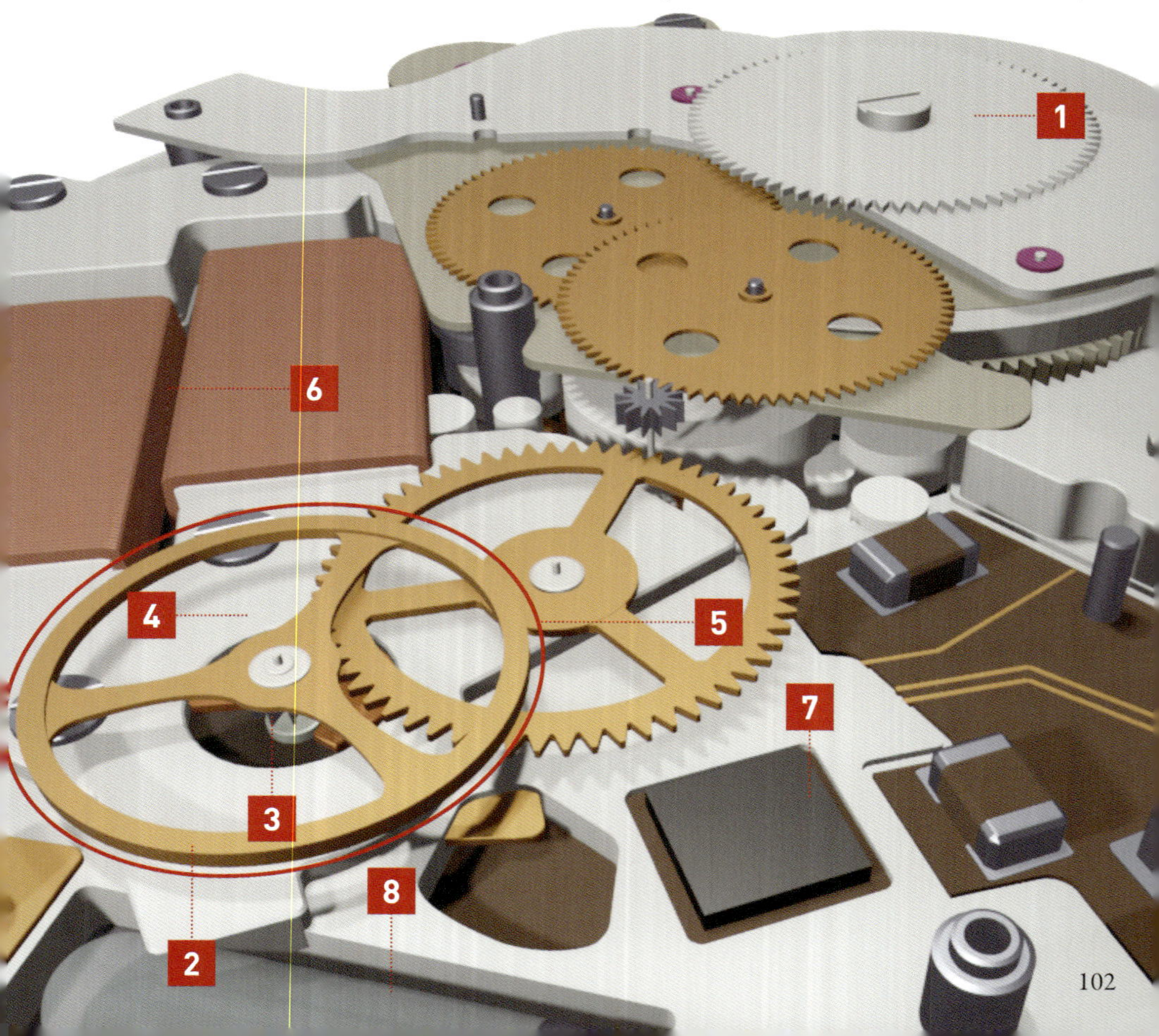

ゼンマイで動く発電機の回転を

8（2の15乗）ヘルツ。その周期は、専用回路で8ヘルツの基準信号に変換される。

この基準信号に基づきIC⑦は、MGローター⑤に電磁ブレーキを掛けて同じ8ヘルツに調速。これによりMGローター⑤のカナ③に噛む輪列も調速されて、正確な周期で針を動かす。

つまり機械式のテンプと脱進機を、水晶振動子⑧とIC⑦で制御したMGローター⑤に置き換えたのが「スプリングドライブ」の正体だ。

テンプよりはるかに高い周波数で振動する水晶振動子からは、超高精度が得られる。ゼンマイのトルクはクオーツムーブメントで用いるステップモーターよりも格段に大きく、太く大きな針が動かせるため視認性が高まる。クオーツと機械式、双方のメリットが、「スプリングドライブ」なら享受できる。

前出のCal.9RA2の構造図。コイルに気付かなければ、機械式と見紛う。各パーツも機械式と同等の仕上げが施され、平均月差±10秒の高精度を誇る。

GRAND SEIKO
21/30

MGローター⑤に備わる慣性板②によって、磁石④の回転・制御が安定する。用いる水晶振動子が3万2768Hzなのは、大半のクオーツムーブメントも同じだ。

レゾナンス

近接する2つのテンプが共振して同期

レゾナンスの
ココがすごい！

共振を応用した初の腕時計であり、２つのテンプは完璧に同じ周期で振動し精度を高める。２本の秒針の運針も同期する。

物理現象の応用で高精度化

同じ固有振動数の２つの振り子を並べて吊るし、一方を振動させると、止まっていた他方も振動し始める。この物理的現象を共振と呼ぶ。さらに固有振動が異なる振り子時計を同じ壁に設置すると、それぞれの振動が壁伝いに影響し合ってやがて同期することが17世紀に発見されており、この現象も共振と呼ばれる。

18世紀、共振を応用した高精度クロックが登場。テンプでも同じ現象が起こるとわかり、懐中時計でも試

2020年に登場した最新の「レゾナンス」Cal.1520に、既存とは異なり、初めて１つの香箱から２つの輪列を振り分けた。地板とブリッジは、ゴールド製。

みられたが、成功例は極めて少ない。

独立時計師フランソワ-ポール・ジュルヌは２つのムーブメントの各テンプを近接することで共振させる世界初の腕時計「レゾナンス」を発明した。共振により２つのテンプは互いの振動のズレを補正し合い、完璧に同期する。摩訶不思議な共振現象が、時計精度を各段に向上させる。

レゾナンス
搭載モデル

クロノメーター・レゾナンス

２つのインダイアルは、右が12時間、左が24時間表示。それぞれの針は、２時位置のリューズを回す方向の違いで個別に操作できる。４時位置のリューズは秒針のゼロリセット用。手巻き。径40㎜もしくは42㎜。Ptケース。アリゲーターストラップ。

共通した固有振動数に加え地板伝いの振動も手伝い共振

F.P.JOURNE
22/30

「レゾナンス」とは、仏語で共振の意。各輪列②⑤はそれぞれ個別の針を動かすため、ディファレンシャルギア①は、調速の統合・平均化を目的としない。

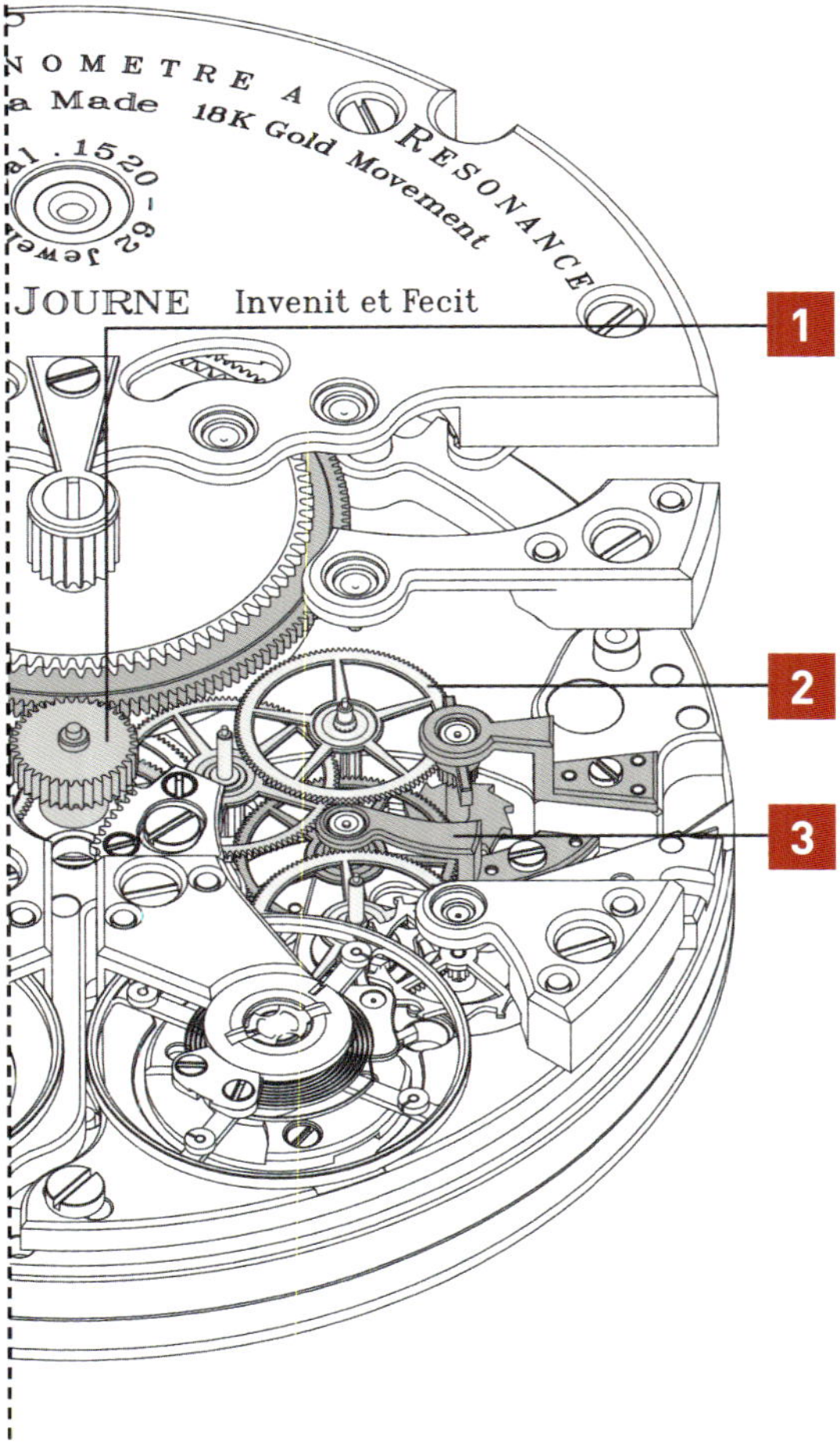

誕生以来「レゾナンス」は、1つの地板の上に2つのムーブメントを構築し、共振させてきた。しかし2020年に登場した最新版では、1つの香箱④を共用し、ディファレンシャルギア①（50ページ参照）で第1輪列②と第2輪列⑤に駆動力を振り分ける設計となった。

さらに2つの輪列②⑤の途中には、F.P.ジュルヌを象徴するもう1つの機構ルモントワール・デガリテ③⑥が、新たに追加された。これは香箱からの駆動力を受けた歯車によってスプリングを巻き、その力を一定周

下のダイアル側には、各テンプの振動を効率よく地板に伝えるバーが見える。さらに上部には、１つのリューズで各ダイアルの針を操作する輪列が備わる。

期（本作では1秒）で開放して次の歯車に駆動伝達することで、トルクの均一化を図る機構。各引き出し線付近のグレー部分が、その構成パーツである。「レゾナンス」の製作が困難なのは、2つのテンプの振動周期を限りなく近づけなければ、共振が起こらないから。ルモントワール・デガリテ③⑥が追加されたことで、各テンプの振動はより安定し、共振が得やすくなった。

各テンプ間の距離が適切でないと共振しない。そのため右側のテンプ位置を微調整する機構が、そのブリッジに備わる。さらに2つのテンプのダイアル側には、上の写真にあるように2つの振動を伝え合うバーが設置され、共振はより促される。

PIAGET ● ピアジェ

極薄ムーブメント

手巻きで2㎜、自動巻きでも4.3㎜を実現

機械式の究極の薄さを追求

ピアジェは1957年、厚さわずか2㎜の手巻きキャリバー9Pで当時の世界最薄を達成し、時計界にその名をとどろかせた。以来、さまざまな機構で世界最薄を次々と樹立し、薄型時計の名手として知られることとなる。発想力にも長け、2014年にはワンピース構造のケース内側の底部を地板として加工し、その上でパーツを構築するという、かつてない大胆な構造を持つキャリバー900Pで、3・65㎜という超

極薄ムーブメントの
ココがすごい！

極薄のパーツ製造には高度な技術が要求され、組み立ても特に優れた職人技が不可欠なため、かつては複雑機構扱いだった。

ケース自体を地板とし、2㎜厚を達成した「アルティプラノ アルティメート コンセプト」。当初はコンセプトウォッチだったが、2020年に市販化された。

極薄ケースをかなえてみせた。
ケース一体型ムーブメントは、2017年にキャリバー9Pと同じ2㎜厚をケースで実現。またキャリバー1900Pを自動巻き化したキャリバー910Pを2018年に生み出してもいる。そのケース厚は4・3㎜。ピアジェは、「極薄ムーブメント」の究極を追求し続ける。

極薄ムーブメント
搭載モデル

アルティプラノ アルティメート オートマティック

ムーブメントの外側で機能するリング状のペリフェラルローターの採用により、自動巻きでは最薄となる4.3㎜厚を達成。表に露わになったパーツは、すべて入念に手仕上げされている。自動巻き。径41㎜。18KPGケース。アリゲーターストラップ。

ワンピースケースの内側底部が地板を兼ねる反転式ムーブメント

下は、2㎜厚の「アルティプラノ アルティメート コンセプト」の構造図である。ケース①は、剛性が高いコバルト合金製に。地板を兼ねる底部の最薄部は、0・12㎜厚しかない。リューズ②は格納式で、ウォームギア③(82ページ参照)を用いることで歯車を重ねることなく、巻き上げと針合わせの切り換えを可能にしている。

テンプ④と天真、振り座(16ページ参照)を一体化。それを地板に固定したボールベアリングで下側から支える構造として、ブリッジを不要にした。

香箱⑤も同様に、約100個のボールが備わるベアリングにゼンマイを取り付け、地板上に設置している。その極薄の香箱でも、40時間駆動を実現。究極に薄くても、実用性は高い。

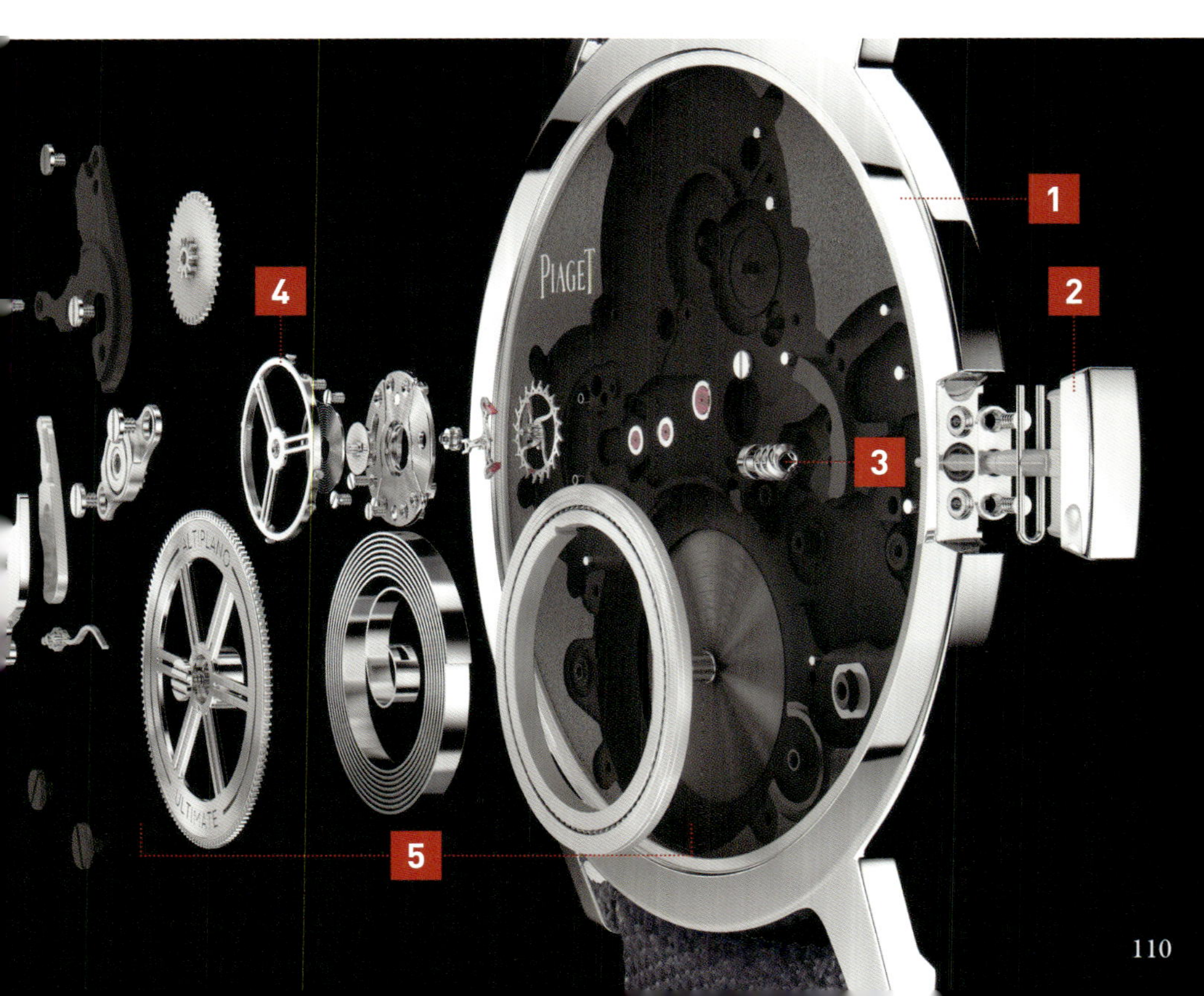

写真上方に写るダイアルは、ブリッジの下に置かれているとわかる。これで強い衝撃を受けた際も、針がサファイアクリスタル風防に当たることはない。

PIAGET
23/30

左端にあるサファイアクリスタル風防の厚みは、0.2㎜と超極薄。格納式とした四角いリューズは、付属する専用の巻き上げキーを用いて操作する。

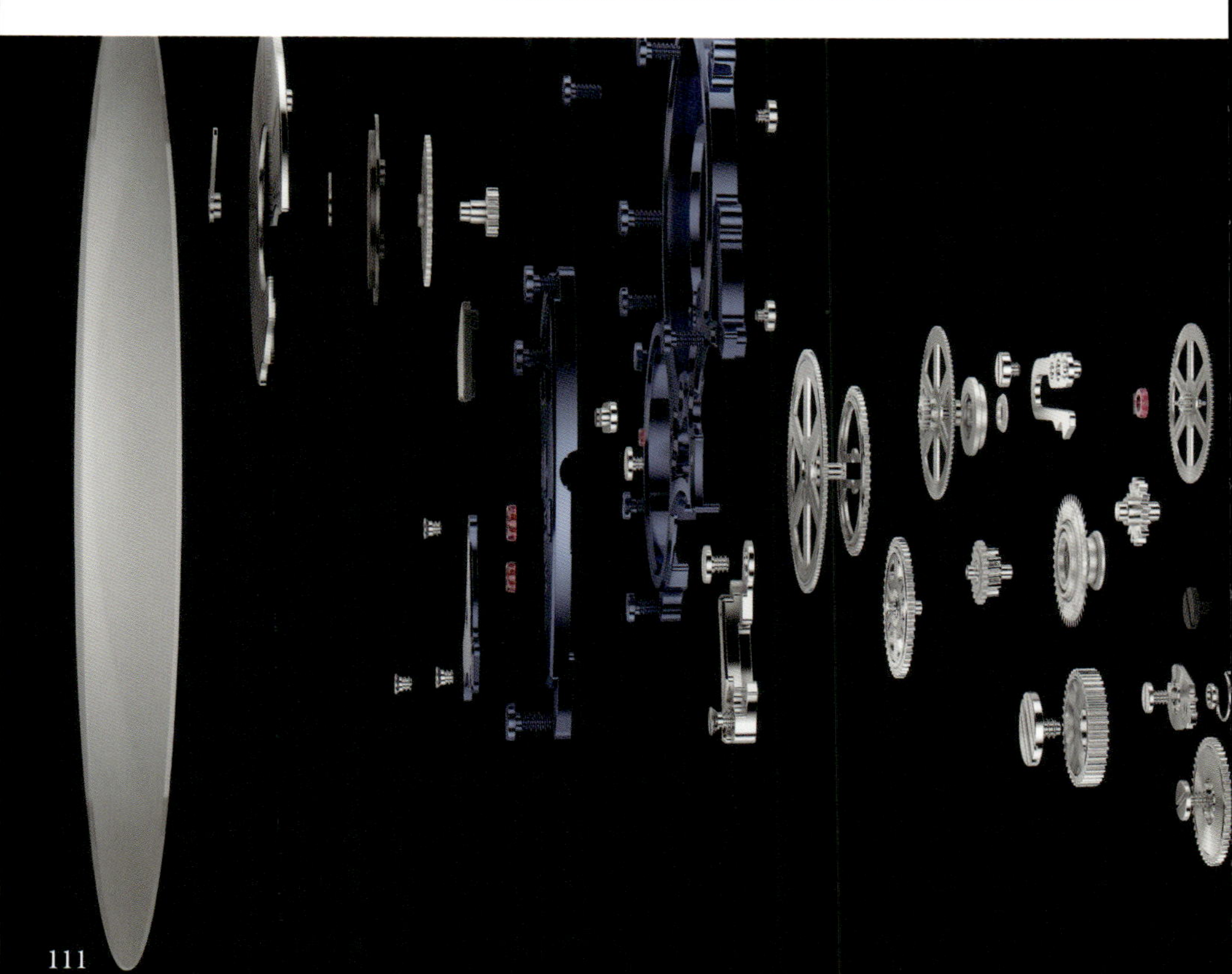

ZENITH ● ゼニス

1/100秒 クロノグラフ

クロノグラフ針が1周1秒で高速回転

毎秒10振動＋100振動

プッシュボタンを押すと、ダイアルセンターのクロノグラフ針が1秒周期で回転する。この高速運針によりゼニスは2017年、1／100秒計測を正確に目視可能とした。量産型の「1／100秒クロノグラフ」は当時、唯一無二の存在であった。

ゼニスが1969年に完成させた「エル・プリメロ」は、世界初の自動巻き一体型クロノグラフムーブメントにして、毎秒10振動のハイビートでも世に先駆けた。1／10秒刻みで

1/100秒クロノグラフの ココがすごい！

毎秒10振動と100振動の2つのクロノグラフ機構を1つに統合。操作時に、それぞれを完璧に連動させることは至難の業だ。

搭載するCal.El primero 9004。右のダイアル側、左の裏蓋側それぞれにテンプが確認できる。うち裏蓋側に備わるのが、毎秒100振動の超ハイビートテンプ。

運針するクロノグラフ秒針の秒積算計針を3時位置に移しつつ反転式に改良し、地板の裏蓋側に毎秒100振動のテンプを持つクロノグラフ機構を組み込むことで、「デファイ エル・プリメロ21」は1／100秒計測を実現した。「1／100秒クロノグラフ」機構を地板に組み込んだ一体型としたのが、ゼニスの矜持だ。

1/100秒クロノグラフ

搭載モデル

デファイ エクストリーム ミラー

ケースとブレスレット、ダイアルを完璧な鏡面仕上げに。周囲のあらゆるものが写り込み、風景の中に溶け込む。ブレスレットは、工具なしで着脱できる。自動巻き。45㎜。SSケース＆ブレスレット（ラバーストラップとベルクロ®ストラップ付属）。

1/100秒クロノグラフ専用の毎秒100振動のテンプを装備

毎秒100振動のテンプ。10振動側に比べると直径は小さく、またひげゼンマイは厚くて幅があり、かつ全長が短いため弾性が高く、超ハイビートがかなう。

左の構造図は、実際には右図の下に左図が続いており、上方向がダイアル側である。

右図では地板④の上（ダイアル側）に、エル・プリメロの改良型が組み上げられていて、テンプ③は毎秒10振動、動力源の香箱②は50時間パワーリザーブ。時刻表示輪列の同じ面にある。

左図では、地板④の裏蓋側に「1／100秒クロノグラフ」機構が構築されている。動力源はダイアル側に配置された香箱①で、上にはパワーリザーブ計が備わる。駆動時間は50分。

テンプ⑤は、通常はハックレバー⑥が側面に触れ、動きを止めている。クロノグラフを作動させると、レバーが外れて毎秒100振動をし、ストップ時には再びレバーがブレーキをかけ、センター針も一緒に止める。

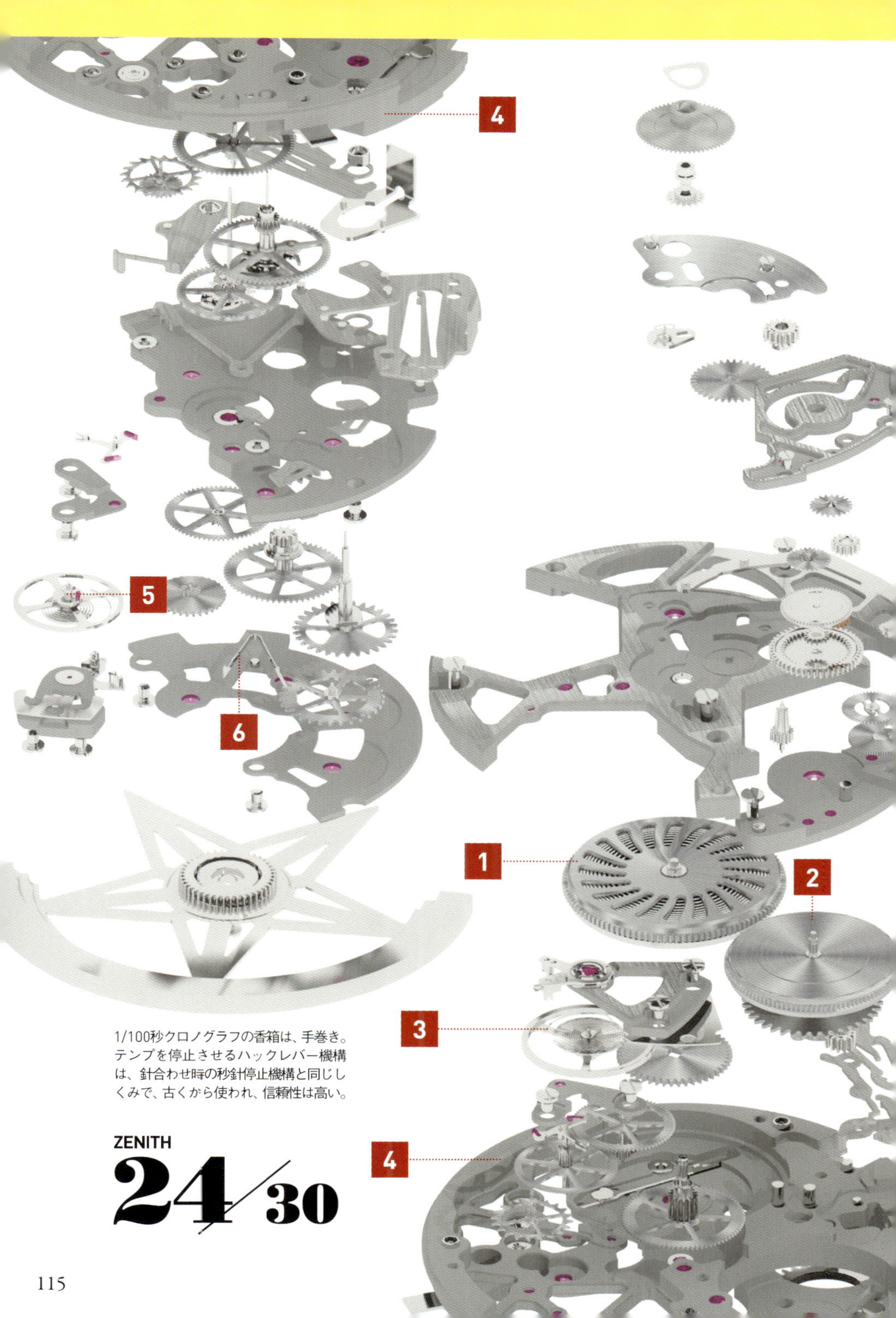

1/100秒クロノグラフの香箱は、手巻き。テンプを停止させるハックレバー機構は、針合わせ時の秒針停止機構と同じしくみで、古くから使われ、信頼性は高い。

ZENITH
24/30

マイクロガスライト

蓄光を必要とせず自発光する針とインデックス

自らが輝くガラスカプセル

現在、時計の夜光塗料としてもっとも普及しているスーパールミノバは、あらかじめ露光されることによって光エネルギーを蓄え、光を放つ。ゆえに蓄えた光エネルギーが尽きると、光を失う。対してボール ウォッチが針やインデックスに用いる「マイクロガスライト」は、蓄光を必要とせず、自発光を続ける。これは、スーパールミノバ登場以前に使われていた、トリチウムが発するβ線が蛍光物質を光らせる性質を利用した

マイクロガスライトの
ココがすごい！

露光されなくても常に強力に光り続け、輝度は年単位の長さでゆっくりと減少する。その実力は、アメリカ軍も認めたものだ。

「マイクロガスライト」は、用いる蛍光塗料によってさまざまに色の操作ができる。右ページは明所での様子だが、実は針とインデックスは光っている。

トリチウム塗料の進化形である。β線は風防で遮断でき、発光量も大きいが、トリチウムの半減期が約12年と短く、塗り直しが難しいため、スーパールミノバに取って代わられた。ボール ウォッチは、蛍光塗料を塗布したガラスカプセルにトリチウムガスを閉じ込めることで交換可能とし、強力な自発光を蘇らせた。

マイクロガスライト
搭載モデル

エンジニア M エンドゥランス

初の自社製Cal.RR7309-CSを、耐蝕性に優れた高機能スチール904L製のケースに潜めた。80時間駆動を誇り、シリコン製ひげゼンマイとUV-LIGAプロセスで成形した脱進機により耐磁性に優れる。自動巻き。径40㎜。SSケース＆ブレスレット。

ガラス管（カプセル）の中にトリチウムガスを密封

ラジウムが発する放射線が、蛍光板を発光させる性質を持つことを英国の物理学者ウィリアム・クルックスが1903年に発見したことで、夜光塗料の道は開かれた。'60年代には夜光塗料の原料がラジウムからトリチウムに代わり、人体に対する安全性が大きく向上した。

前述したように「マイクロガスライト」は、ウィリアム・クルックスの発見を応用した新たな自発光システムである。内側に蛍光塗料を塗布したチューブ状の小型のガラスカプセル内を気化させたトリチウムで満たし、封印。蛍光物質がトリチウムが発するβ線と反応し、自発光するしくみだ。そして針とインデックスをホルダー状にし、「マイクロガスライト」をセット。トリチウムが半減期を迎え、輝度が減少した場合も「マイクロガスライト」は交換が容易い。

BALL WATCH

25/30

β線は蛍光塗料で遮断されるため、外に飛び出さない。針と植字インデックスは、「マイクロガスライト」をがっしりホールドできるよう形作られている。

LONGINES ● ロンジン

フライバック・クロノグラフ

クロノグラフ針が瞬時に戻って再計時

ロンジンの偉大なる大発明

クロノグラフは構造上、スタート・ストップ・リセットの順にしか操作ができない。ロンジンは1925年には、計時を繰り返すパイロットのために、クロノグラフを作動させたままリセットし、すぐ再スタートできる「フライバック」機構を考案。'36年に特許を取得した。同じ年に作られたキャリバー13ZNは、「フライバック・クロノグラフ」ムーブメントの傑作と称賛され、ヴィンテージ時計市場で人気が高い。

フライバック・クロノグラフの
ココがすごい！

クロノグラフの作動中、いつでもリセットと再スタートができるため、飛行中に何度も行う繰り返し計時の操作が容易に。

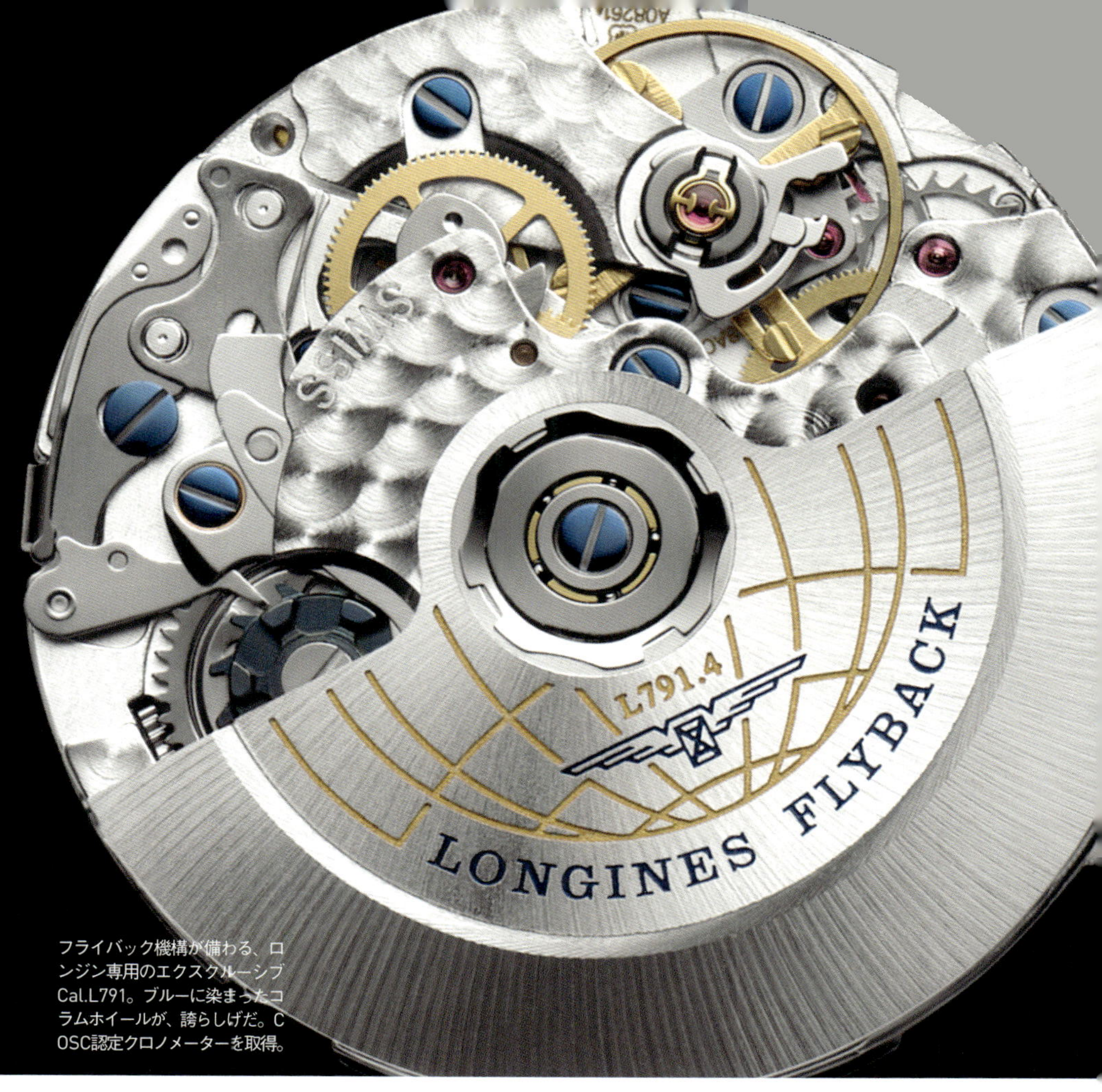

フライバック機構が備わる、ロンジン専用のエクスクルーシブCal.L791。ブルーに染まったコラムホイールが、誇らしげだ。COSC認定クロノメーターを取得。

アーカイブを精査し、ヘリテージの数々を現代に蘇らせてきたロンジンは2023年、「フライバック・クロノグラフ」を再びコレクションに加えることに成功した。そのムーブメントは、1925年からのコラムホイール式の伝統を継承しながら、シリコン製ひげゼンマイを採用するなど、現代的にアップデートされた。

フライバック・クロノグラフ

搭載モデル

ロンジン スピリット フライバック

ロンジンによる21世紀のフライバック・クロノグラフは、2カウンターのレトロ顔。航空時計のお約束である双方向回転ベゼルのリングは極めて硬いセラミック製で、各目盛りはレーザー加工した。自動巻き。径42mm。SSケース。カーフストラップ。

ボタンで直接ハンマーを押す

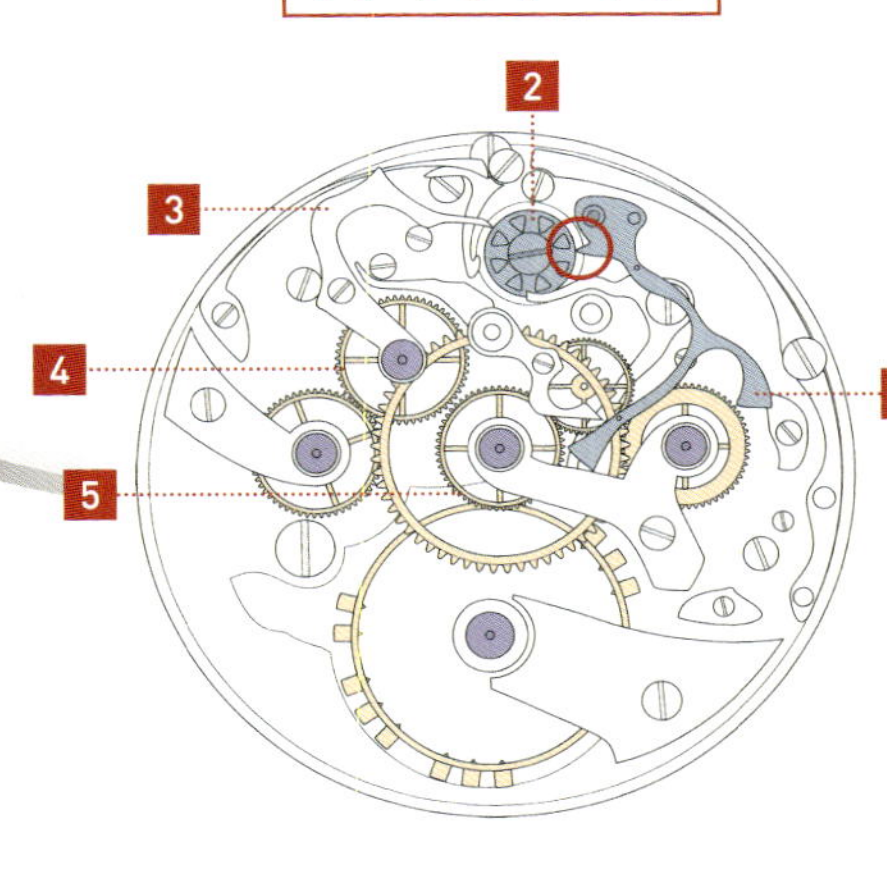

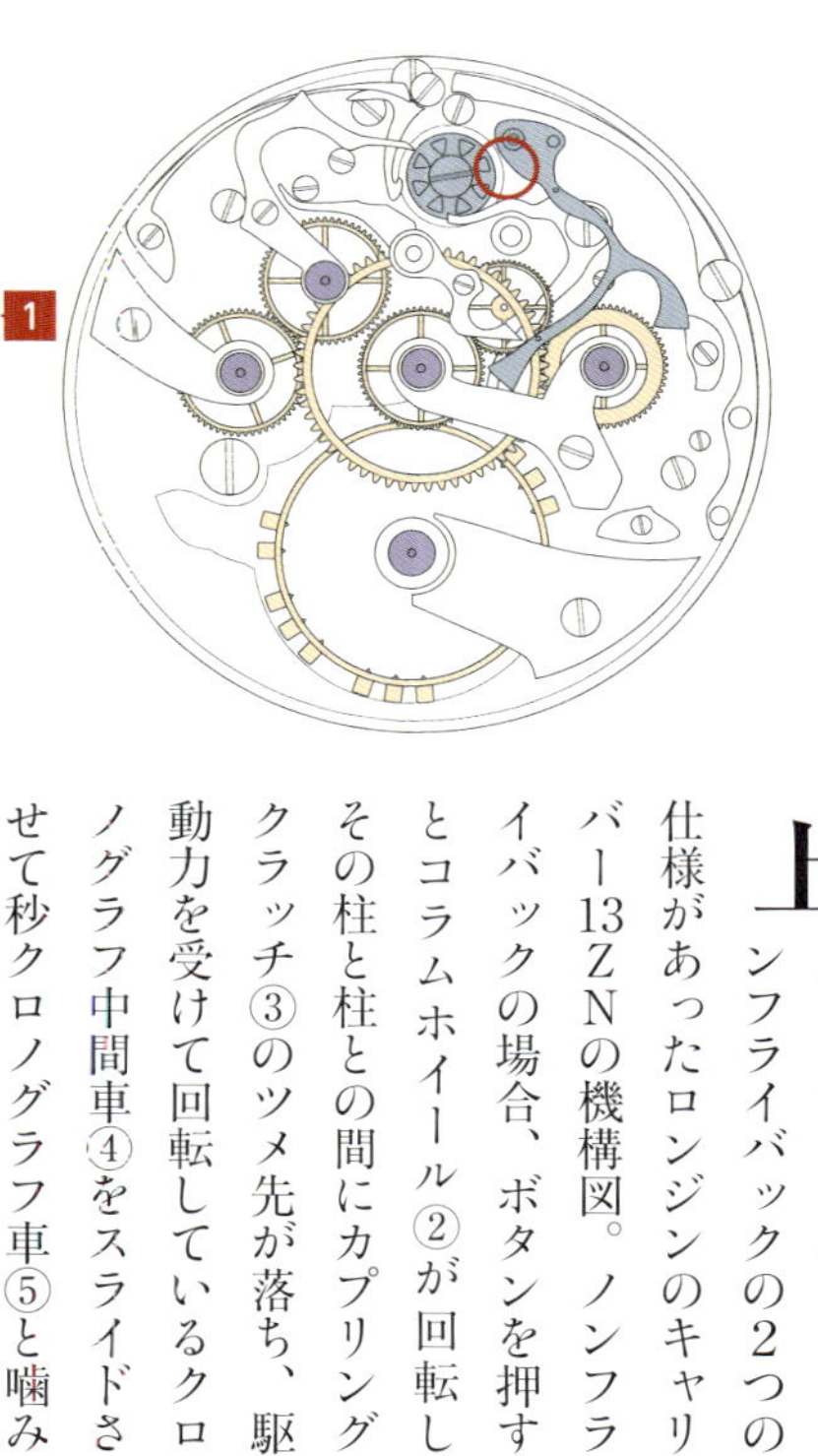

上図は、フライバックとノンフライバックの2つの仕様があったロンジンのキャリバー13ZNの機構図。ノンフライバックの場合、ボタンを押すとコラムホイール②が回転し、その柱と柱との間にカプリングクラッチ③のツメ先が落ち、駆動力を受けて回転しているクロノグラフ中間車④をスライドさせて秒クロノグラフ車⑤と噛み合うことで運針が始まる。

ストップ時には、ボタン操作で再びコラムホイール②が回り、その柱の上にカプリングクラッチ③のツメが再び載り、クロノグラフ中間車④と秒クロノグラフ車⑤の噛み合いが解除される。

そしてリセットは、ハンマー①のツメ先がコラムホイール②の柱の間に落ちることで機能する。この時、作動したままだとコラムホイール②はリセット時の規定の位置にいないので、ボタンは押せない。したがってスタート・ストップ・リセットの順にしか操作ができない。

対して「フライバック・クロノグラフ」のハンマーには、赤丸の部分を見比べれば明白なようにツメがなく、コラムホイール②を経由せずにボタン操作で直接動かす構造になっている。その際、ハンマー①はカプリングクラッチ③に干渉してクロノグラフ中間車④と秒クロノグラフ車⑤を切り離し、ハンマーが元の位置に戻ると再び噛み合い、新たな計時がスタートする。このしくみは、現行機も同じだ。

コラムホイールを経由せず、

LONGINES
26/30

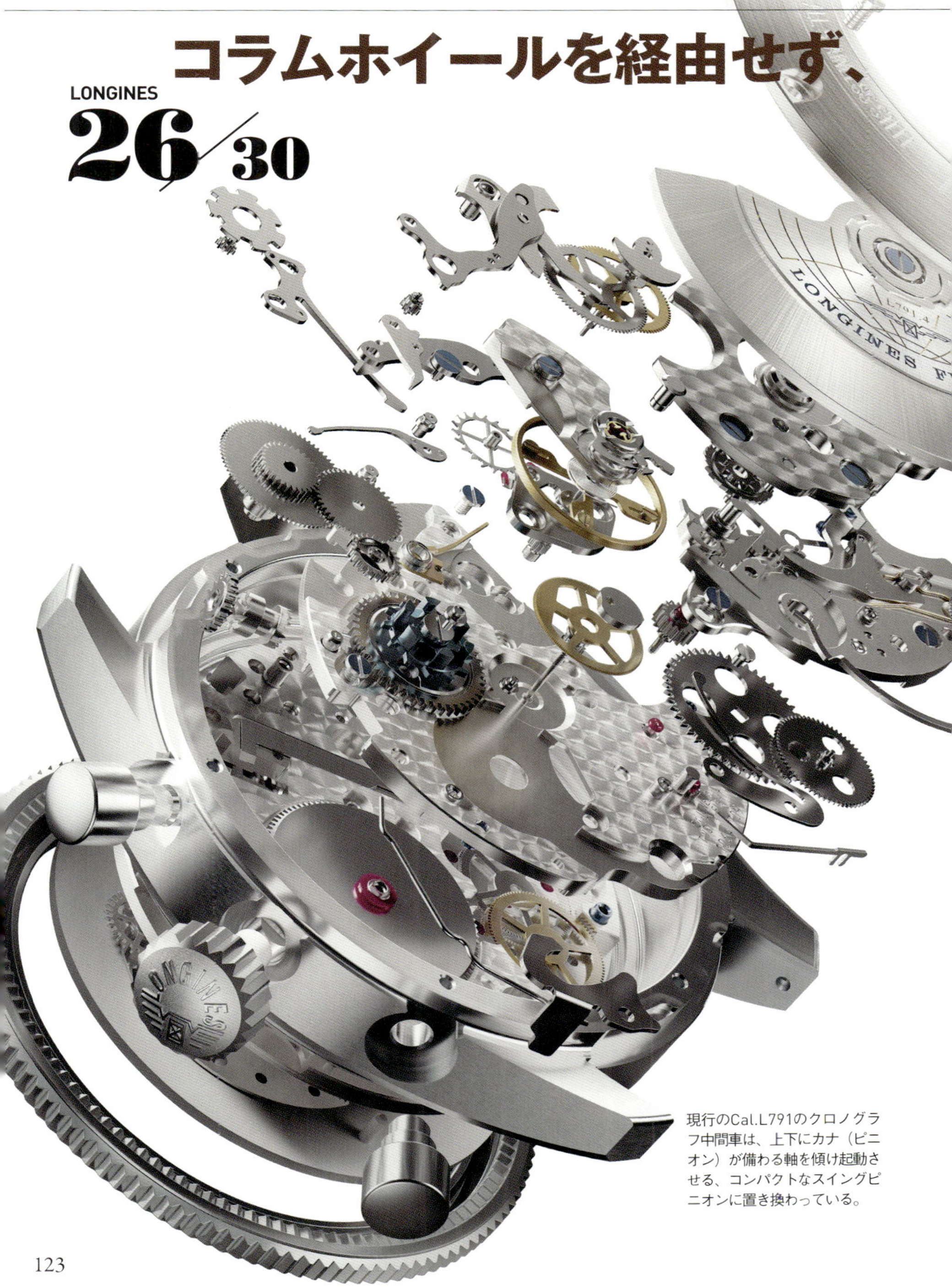

現行のCal.L791のクロノグラフ中間車は、上下にカナ（ピニオン）が備わる軸を傾け起動させる、コンパクトなスイングピニオンに置き換わっている。

EBERHARD ● エベラール

クロノ4

積算計を含む4つのインダイアルを横一列に

視認性のための大胆な配置

1887年の創業時からクロノグラフ技術を研鑽してきたエベラールは、新世紀を迎えるにあたり、新たなアイコンとなる「クロノ4」を生み出した。名前の由来は、ダイアルを見れば明らかだろう。4つのインダイアルを、かつてない横一列の配置としたクロノグラフだからである。

各インダイアルは、右からスモールセコンド、24時間表示、12時間積算計、30分積算計。この大胆なレイアウトは、当時のCEOパルミロ・

クロノ4の ココがすごい！

横一列の4連インダイアルは、今も唯一無二の存在。時・分の各積算計が隣り合うため、最低限の視線の移動で読み取れる。

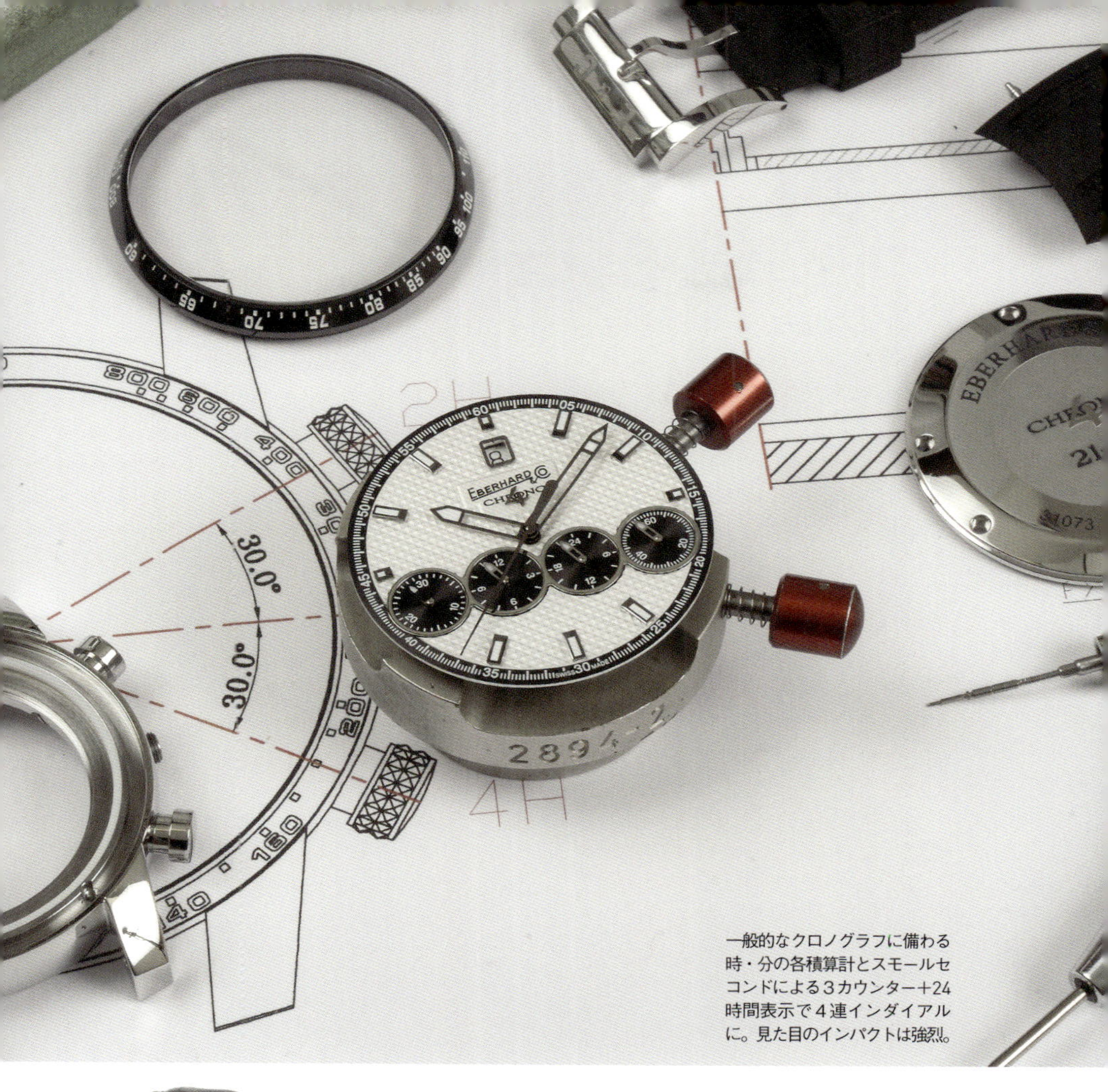

一般的なクロノグラフに備わる時・分の各積算計とスモールセコンドによる３カウンター＋24時間表示で４連インダイアルに。見た目のインパクトは強烈。

モンティの「クロノグラフのカウンターを、より論理的かつ直感的に読み取れるようにしたい」との想いから生まれた。なるほど奇抜に感じる横４連インダイアルだが、それぞれを読み取る際、視線を横方向に動かすだけで済む。機能性を求めて生まれた「クロノ４」は圧倒的な存在感を放ち、メゾンのアイコンとなった。

クロノ4

搭載モデル

クロノ 4
21-42

2021年に登場した42㎜ケースだから“21-42”。クル・ド・パリ装飾が華やぐシルバーダイアルと黒い4連インダイアルとのコントラストで、視認性はより高くなった。ベゼルはセラミック製。自動巻き。径42㎜。SSケース。アリゲーターストラップ。

3・6・9時位置サブダイアルを中間車とモジュールで横4連に

EBERHARD
27/30

青い数字で示した各中間車は、クロノグラフモジュールの同じ数字の歯車の動きを伝える。8つの歯車から成る横4連モジュールの厚みは、わずか1.02㎜。

左ページの図のように「クロノ4」のムーブメントは、三層構造である。下が時刻表示を担うベースムーブメント、中央がクロノグラフモジュール。一体型クロノグラフではなくモジュール式としたのは、積算計とスモールセコンドの各駆動車がダイアル側に来るため、一番上に重ねた横4連モジュールによる位置変更が、容易だからだ。

クロノグラフモジュールは、3時位置が秒駆動車①、中央が時針が載る時車②、6時位置が12時間積算計車③、9時位置が30分積算計車④という構成。上図は横4連モジュールを開いた様子で、4ヵ所の開口部に設置した中間車が、それぞれクロノグラフモジュールの各表示歯車に噛み合い、横一列の4つの歯車に各表示を伝えるしくみだ。

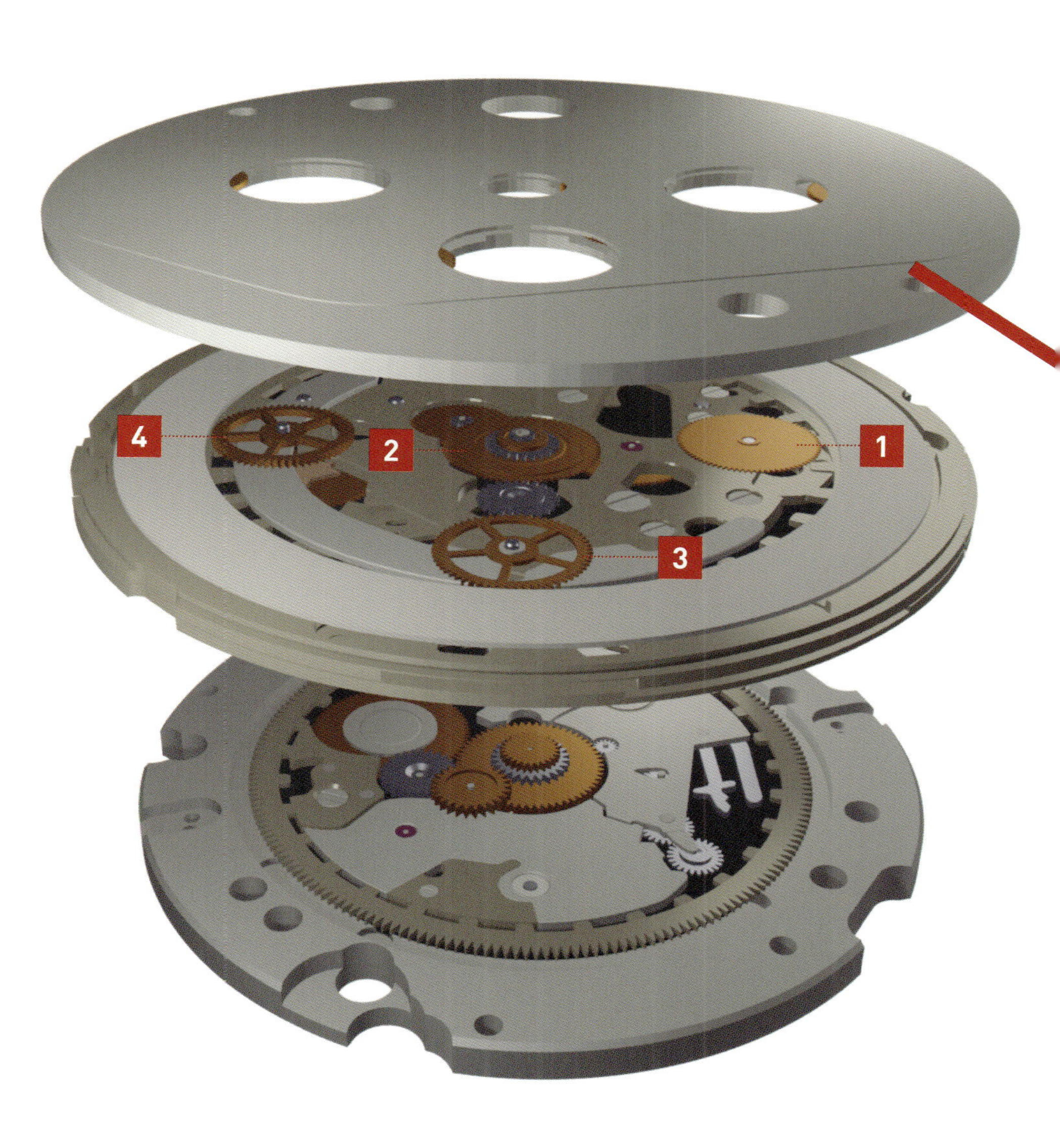

クロノグラフモジュー
ルの横3つ目の上に重
ねた横4連モジュール
表示位置を移動。時車
②を中間車が減速させ
24時間表示に。横一列
の歯車の軸に各インダ
イアルの針が載る。

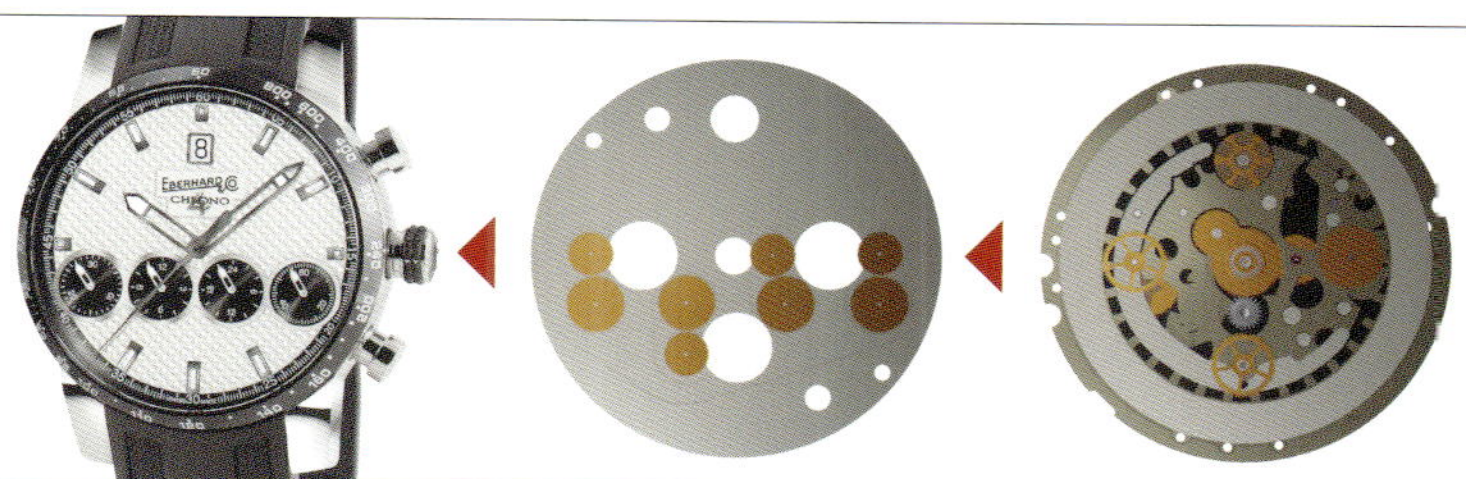

CORUM ● コルム

ゴールデンブリッジ

ムーブメントの基本部品を一直線にレイアウト

ムーブメントを時計の主役に

香箱からテンプにいたる、すべてのパーツを一直線状に構築し、ゴールド製の地板とブリッジでサンドする。まさに「ゴールデンブリッジ」の名にふさわしい黄金に輝くスリムな機械式ムーブメントは、独立時計師の巨匠ヴィンセント・カラブレーゼが、若き頃の1977年に作り出した初期の代表作である。それをコルムが1980年、サファイアクリスタルで造作した透明なケースに収め、「ゴールデンブリッジ」の名で

ゴールデンブリッジのココがすごい！

ダイアルをなくした、今あるサファイアクリスタル製腕時計の元祖である。特異な直列ムーブメントは7つの特許を取得。

針が載る18金製の地板には、アカンサスの花とシダ類とを図案化し、立体的にエングレービング。微細なネジも含め、全パーツが丁寧に手仕上げされている。

販売すると、たちまちメゾンのアイコンとなった。カラブレーゼが夢見た「時計師の技を純粋な形で表現したムーブメントが主役の時計」が、コルムの手で現実になったのである。

現行機は、ヴォーシェ・マニュファクチュール・フルリエ社との協業で2005年に誕生。精度と信頼性を高め、未来への黄金の橋を架けた。

ゴールデンブリッジ
搭載モデル

ゴールデンブリッジ クラシック

RG製のケースフレームの表と裏、両側面にサファイアクリスタルをはめ込んだ透明な空間に、黄金の橋が宙に浮かぶように架かる。ムーブメントはケース内部の上下で固定。手巻き。ケース51×34㎜。18KRGケース。アリゲーターストラップ。

香箱からテンプまでを一列にし その上に運針輪列を重ねる

下の写真のように真横から見ると「ゴールデンブリッジ」の構造がよくわかる。香箱①から二番車②、三番車③、四番車④、ガンギ車⑤、アンクル⑥、テンプ⑦までが一列に並び、12・13ページの「機械式時計の基本原理」の図そのものだ。

一方で、二番車②は地板の中央にないため分針を直接運針できないので、中間車⑧を介して分駆動車⑨と日の裏車⑩へと動力を伝達している。通常、日の裏車⑩はダイアルの下にある。しかしムーブメントがむき出しなため、地板を中央付近からテンプ方向を二層として、その間に日の裏車⑩を収めている。

またリューズも輪列と同じ直線上にあり、香箱の上で巻き上げと針合わせの各輪列を構築。中間車⑧が缶状の物の中にある

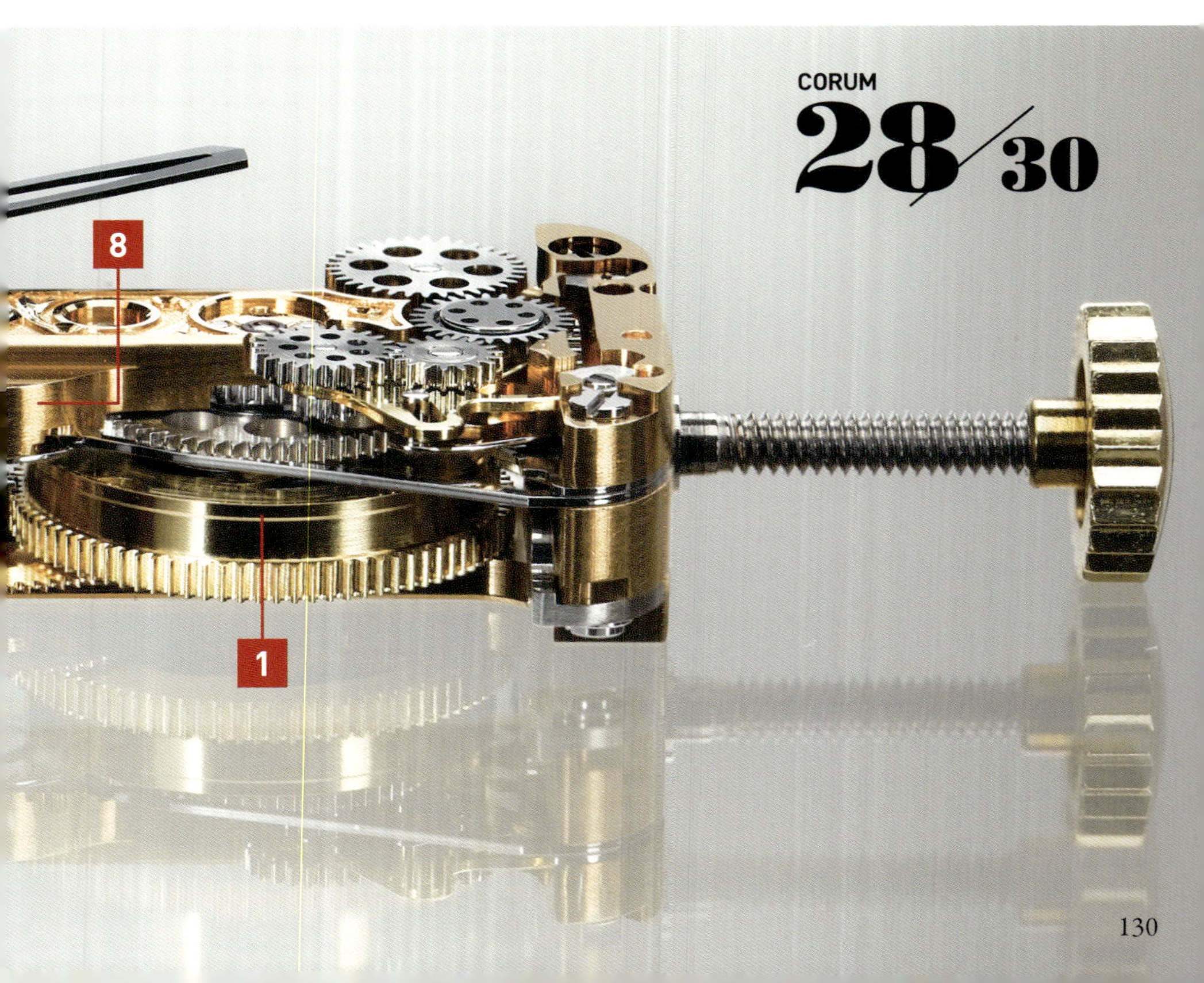

上が2005年に誕生した現行機、下がカラブレーゼ設計の初号機で、一直線のバゲット型を純化するためにリューズ機構は裏蓋側のブリッジ上に構築している。

のは、二番車②から分駆動車⑨への回転方向の転換も含む動力伝達に加え、おそらくリューズによる針合わせのための小鉄車などを構築するためだと思われる。

つまり「ゴールデンブリッジ」のムーブメントは、ごく基本的な調速の輪列の上に運針の輪列を重ねた二層構造。この設計がバゲット型ムーブメントの鍵だ。

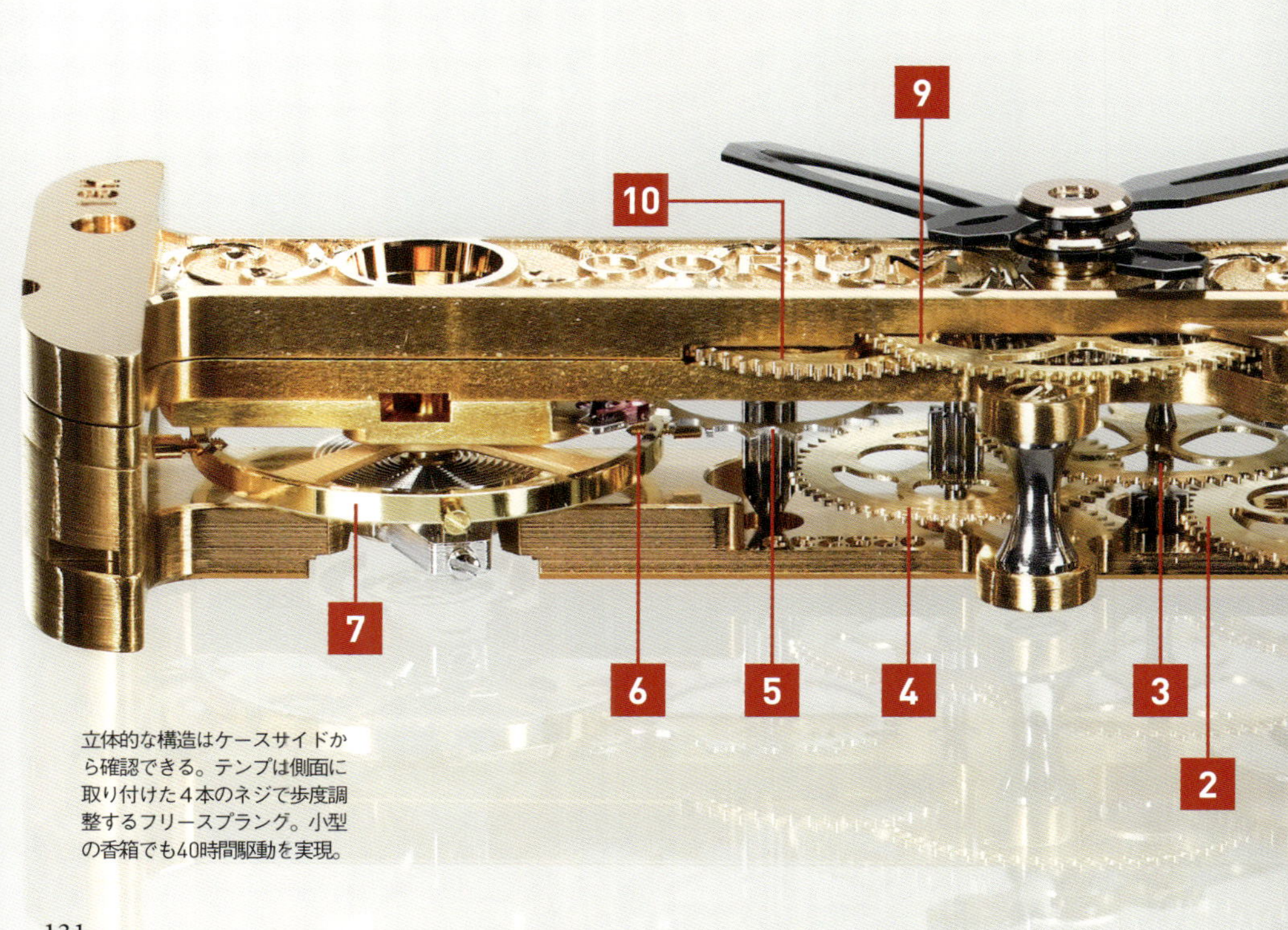

立体的な構造はケースサイドから確認できる。テンプは側面に取り付けた４本のネジで歩度調整するフリースプラング。小型の香箱でも40時間駆動を実現。

FREDERIQUE CONSTANT ● フレデリック・コンスタント

モノシリック オシレーター

毎時28万8000回振動する世界最速ハイビート

300余年ぶりの大改革

オランダの科学者クリスティアン・ホイヘンスは1675年、金属の輪に細いゼンマイを取り付けたものを振り子代わりとし、脱進機が備わる小型時計を発明した。以来、機械式時計の調速・脱進機構の基本的なしくみは、変わっていない。

それをフレデリック・コンスタントは、2021年に革新。ダイアル6時位置の「モノシリックオシレーター」が、調速・脱進機構の300年を超える歴史を変えた大発明の正

モノシリック オシレーターの ココがすごい！

100％耐磁性で、温度変化に強く、重力の影響を受けにくい。既存の調速・脱進機構の弱点を、単結晶シリコンで克服した。

毎時28万8000振動の超ハイビートな「モノシリックオシレーター」の動きは目で追えないほど速い。また秒間80刻みの秒針の運針は極めて滑らかで、革新性が実感できる。

体だ。これは毎秒80振動という超ハイビートを奏でる、新しい調速機。さらにひげゼンマイとアンクルの役割までも、単結晶シリコンから超精密に一体成形されている。

超ハイビートにより耐衝撃性能が向上し、高精度も得やすい設計思想だ。シリコン製モノシリックオシレーターが、時計の未来を変える。

モノシリック オシレーター

搭載モデル

スリムライン モノシリック マニュファクチュール

革新的な調速・脱進機構を、ローマ数字とギョーシェ装飾によるクラシカルかつオーセンティックなダイアルと組み合わせているのが、好印象。12時位置には、ポインターデイトが備わる。自動巻き。径40㎜。SSケース。アリゲーターストラップ。

テンプ、アンクル、ひげゼンマイが一体化したシリコン製オシレーター

調速・脱進機構を革新した「モノシリックオシレーター」は、ともに単結晶シリコン製のガンギ車とオシレーター（振動子）、2つの歩度調整ウエイトで構成される。ガンギ車はオシレーター上部の開口部内にある。中心から上半分はアンクルシステムの役割があり、香箱からの駆動力を、ばね性をもつツメで交互に蹴って伝える仕組み。下半分はひげゼンマイの役割を担っている。オシレーターの形状は改良を重ね変化している。

オシレーターは、直径9・3㎜。一般的なテンプと変わらぬサイズ感であるため、既存ムーブメントをわずかに設計変更するだけで搭載できることも、極めて画期的である。

オシレーターの厚さは、わずか0.3㎜。極めて軽量な上、ガンギ車が直接蹴るため駆動効率は非常に高い。毎秒80振動の超ハイビートでも80時間駆動を実現。

FREDERIQUE CONSTANT

29/30

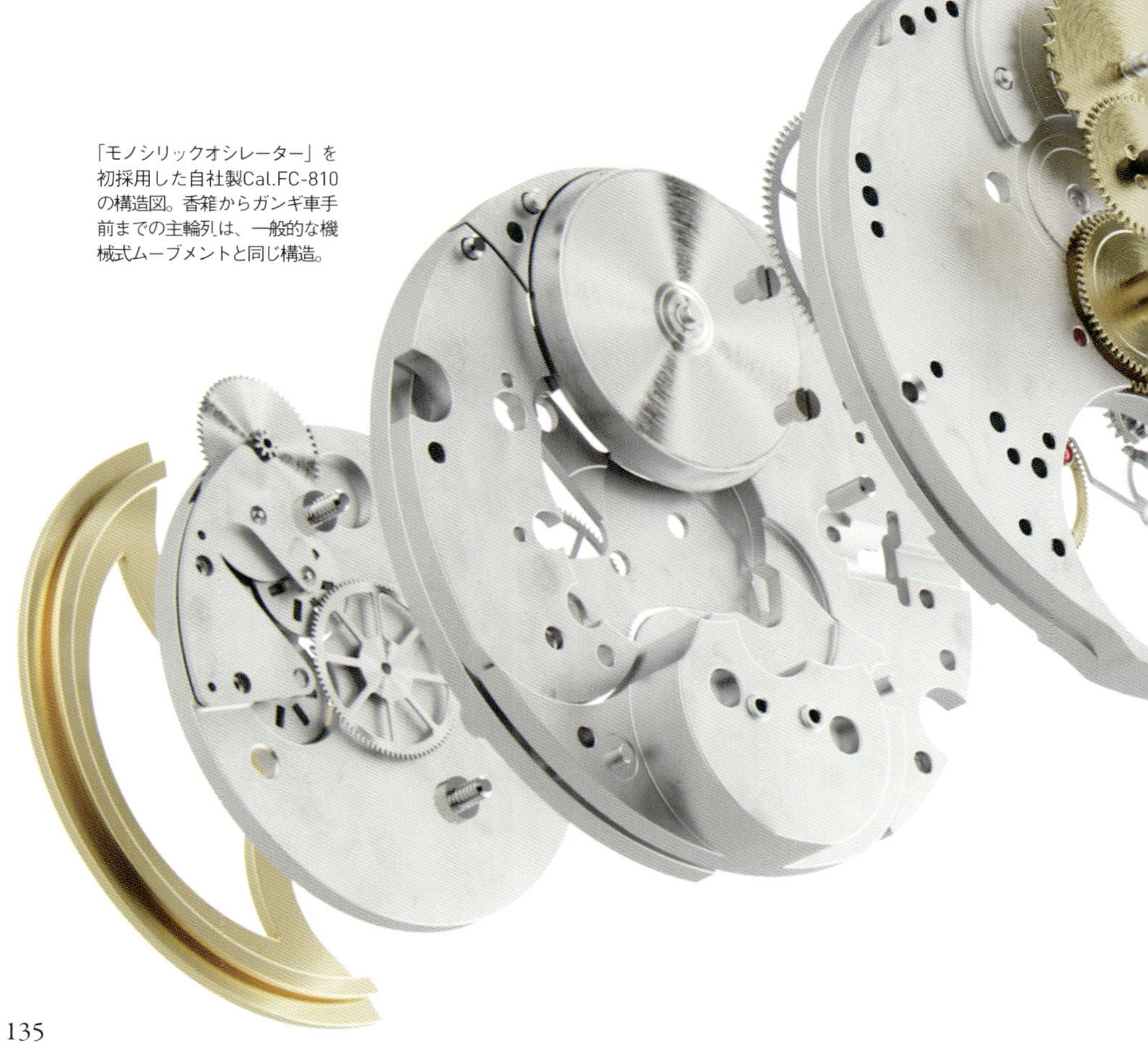

「モノシリックオシレーター」を初採用した自社製Cal.FC-810の構造図。香箱からガンギ車手前までの主輪列は、一般的な機械式ムーブメントと同じ構造。

SINN ● ジン

特殊結合方式＋安全システム

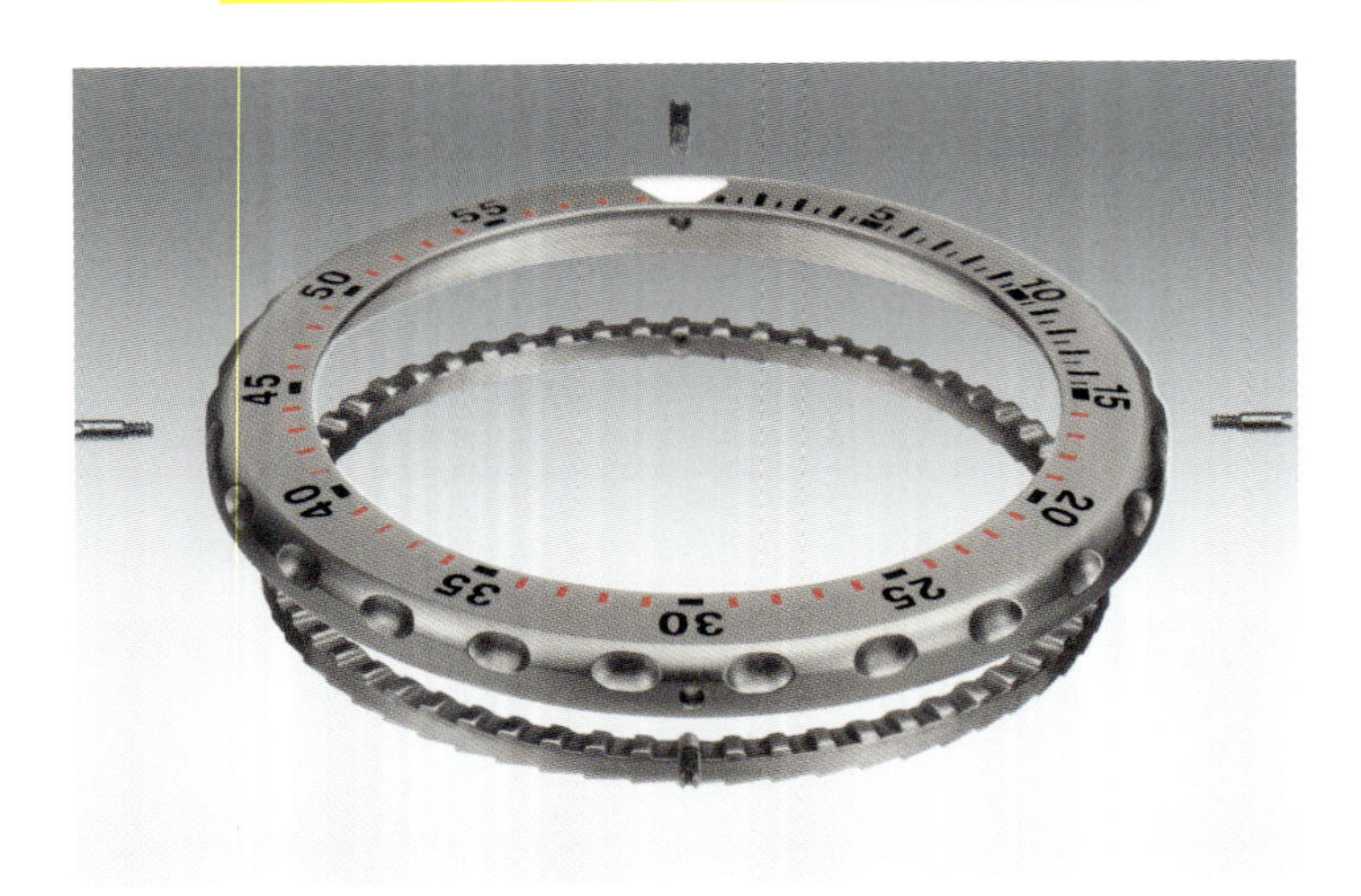

強い衝撃でもベゼルが外れず、誤回転も防ぐ

特殊結合方式＋安全システムの
ココがすごい！

逆回転防止ベゼルの故障、誤回転は、ダイバーの命に関わる。それを２つの独自機構で防止。分解メンテナンスもしやすい。

潜水士の安全を万全サポート

分単位の目盛りを刻んだベゼルを回して位置を分針に合わせ、潜水の経過時間を計るダイバーズウォッチのしくみは、１９５３年に考案された。また現在のダイバーズウォッチの大半には、水中で誤ってベゼルが回転した際に実際の潜水時間よりも短い経過時間を示さないよう、右回しできない逆回転防止機構が備わる。

逆回転防止ベゼルの多くは、ケースに加工した溝に圧入後、嵌合されている。それをジンは、４方向から

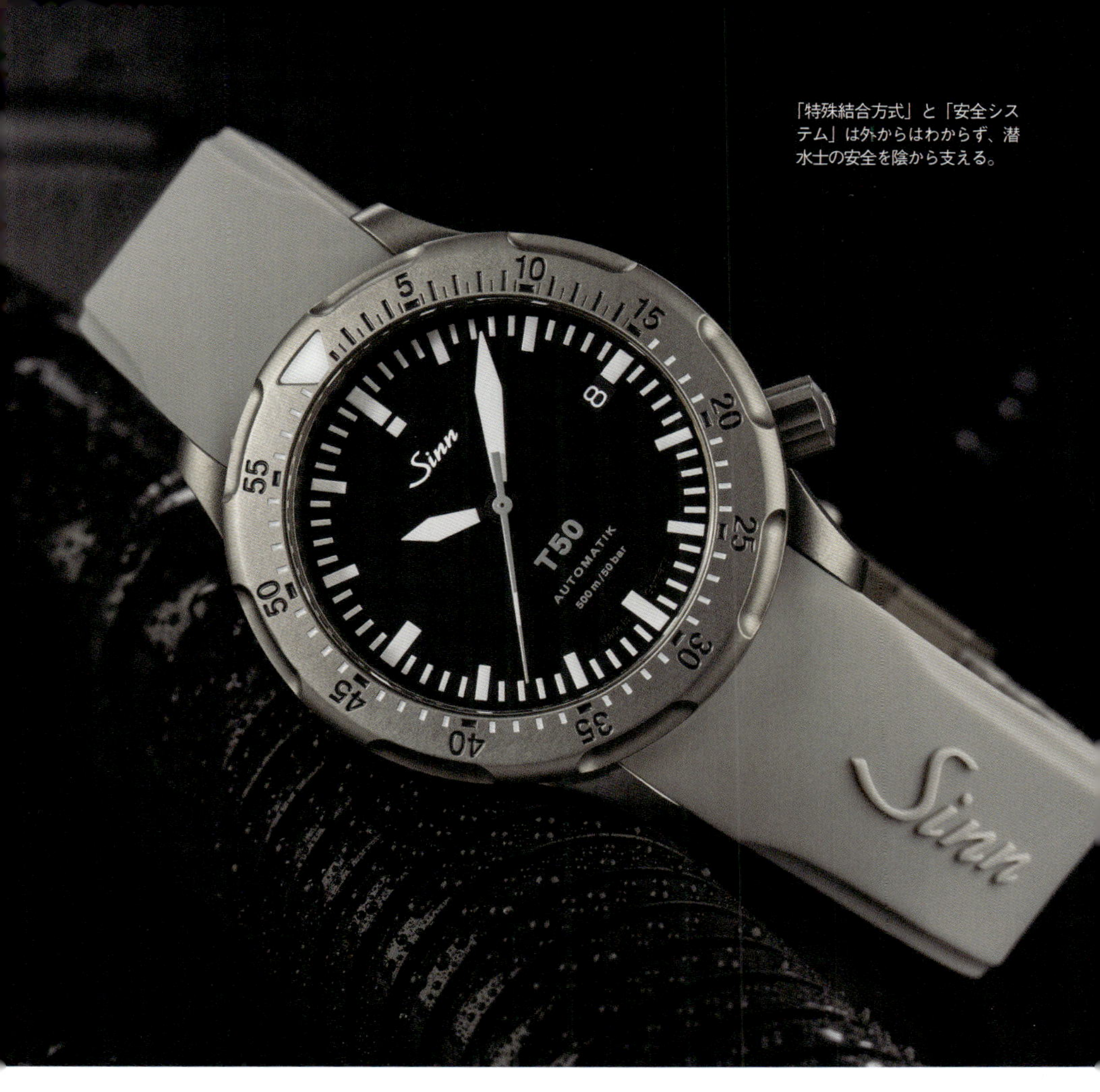

「特殊結合方式」と「安全システム」は外からはわからず、潜水士の安全を陰から支える。

ビスで固定することで強い衝撃を受けても決して外れないようにした。これを名付けて「特殊結合方式」。

さらに逆回転防止機構に加えて、独自のロック機構「安全システム」も開発して併用。水中で誤ってベゼルが回転することを防いでいる。

画期的なベゼル機構でジンは、ダイバーの安全な潜水をサポートする。

特殊結合方式＋安全システム

搭載モデル

T50

4時位置にリューズを備えるダイバーズ。500m防水に加え、ケース内の除湿機構Arドライテクノロジー、−45〜＋80℃での精度を保証する特殊オイルなどでタフを極めている。自動巻き。径41㎜。チタンケース。ラバーストラップ。

4つのビスでベゼルを固定し回す際には上から2ヵ所を押す

「特殊結合方式+安全システム」のベゼル構造図。モデルは生産終了となった「U100」だが、しくみは現行機も同じ。ビス②と板バネ④が、キーパーツとなる。

逆回転防止ベゼルのリング①を固定する4本のビス②がケースの溝にはめ込まれたCリング（左の図の黄色部分）を押し込む構造で、衝撃で外れることを防いでいる。一方、ビスを外すだけで分解でき、メンテナンスが容易い。

ベゼルリング①はラチェット③によって、左にしか回せないようになっている。さらに「安全システム」が備わるモデルでは、連続する板バネ④がラチェット③にかかっているので、下の写真のようにベゼルの2ヵ所を押し下げた状態でしか回せない。これで水中での誤操作や衝撃で意図せずベゼルが回ってしまうことが防げる。まさに〝安全〟のためのシステムだ。

ベゼルリングの外側からねじ込まれたビス（緑色）がケースの溝にCリング状のブレードを押し込むので外れることがない。

SINN

30/30

ベゼルを上から2ヵ所押し、全体を下げることで板バネがラチェットから外れ、回せるようになる。手を離せばバネの力でベゼルは上がり、ロックされる。

傑作モデルに関する用語集

アンクル
テンプとガンギ車の間にあり、枝分かれしたアームの先端にツメ石（人造ルビー）がはめ込まれている、脱進機を構成する。

一番車
機械式時計の動力源であるゼンマイを内蔵した歯車。別名香箱車。ゼンマイが破損した際に他のパーツを傷つけないようにする、ゼンマイに注したオイルを他の箇所に漏らさないようにする、あるいはホコリなどからゼンマイを保護する役割もある。

ガンギ車
脱進機のパーツでテンプに一定の力を与えて左右に回転運動させるのと同時に、テンプからの規則正しい振動周期を歯車列に送り、基本的な運針ペースを制御する。

反転ケース
ムーブメントを収めた部分だけ裏返せる構造を持つケース。風防を保護するもので、ジャガー・ルクルトの特許。リバーシブルケースとも呼ぶ。

自動巻き
オートマチックワインディングのこと。腕の動きなどにより重力で回転するローターの力でゼンマイを巻き上げる。

ジャンピングアワー
分針が1周する動力により、時を表示する文字盤（小窓表示のデジタル文字盤）を1時間に1コマ分、瞬時に動かす機構。

テンプ
テン輪やテン真・振り座・振り石などから構成され、そこに取り付けられたひげゼンマイとともにアンクルから伝わる反復運動を一定速度の振動に変換する、いわゆる調速を行う、ムーブメントの要ともいうべき部分。その多くは緩急針を持っている。

トゥールビヨン
1801年にアブラアン・ルイ・ブレゲが発明した複雑機構で、時計にかかる重力差から生じる姿勢差を自動補正する。脱進調速機を収めたキャリッジが一定速度で回転し、重力の影響を平均化させる。トゥールビヨンは仏語で渦巻きの意。

ヘリウムエスケープバルブ
ダイバーが深海の水圧に耐えるよう、身体をヘリウム混合ガスで飽和させる飽和潜水の後、減圧時に時計内部に侵入したヘリウムガスを外部に排出させて風防の破損を防ぐためのバルブ。

調速機
ゼンマイ動力の瞬時の放出を抑えて一定の速度に制御し、その動力を再び脱進機に戻す機構。

受け板
各歯車やテンプなどのブレを抑えるために裏蓋側に取り付けられたプレートのうち、ブリッジよりも大きなものを指す。

ブリッジ
テンプや歯車などの真軸を支持し、そのブレを防ぐためのプレート、すなわち受け板のうち、概して小ぶりなものをこう呼ぶ。

穴石
金属の摩耗による軸受けの劣化を防ぐため、地板や受け板のうち、テンプや歯車の真軸が接する部分にはめ込まれた石のこと。通常、受け石とはセット。

振動数
ビートともいう。テンプなどの振動体が揺れる回数のことで「回／時間」、「振動」、「Hz（ヘルツ）」などの単位で表わされる。例えば、秒間にテンプが5回振動する時計なら、5振動＝1万8000回／時間となる。基本的には振動数が増えれば時計の精度は向上するが、同時に摩擦などによる部品の摩耗が激しくなり耐久性が落ちる。ロービートでも高精度な時計もあるので、ハイビート＝高精度とはいいきれない。

植字
時計では文字盤にインデックスなどを取り付けること、または取り付け文字を指す。真鍮プレスで抜き出し、上面を磨き上げた文字の裏側の足を文字盤の小穴にはめ込み、裏から固定する。

パワーリザーブ

機械式時計の最大駆動時間をいう。ゼンマイの巻き上げ残量を表示するインダイアルを「パワーリザーブ・インジケーター」という。

回転ローター

自動巻きムーブメントで、ゼンマイを巻き上げるための動力を生み出す回転式の重り。一般的にはステンレススティールだが、重く回転効率に優れる金やタングステン合金も使われる。

緩急針

ひげゼンマイに接しており、これを左右に移動させることでひげゼンマイの有効な長さが微調整でき、結果、進み・遅れが調節できる。その多くは緩急針移動用の調節レバーを付加しているが、これがないムーブメントもある。また近年はテンプ外輪のアジャストスクリューネジで精度の調整ができるフリースプラング式も多用されている。

タキメーター

クロノグラフに備わる平均時速測定スケールをタキメーターと呼ぶ。例えば1㎞の距離を車で通過するときの平均速度を知りたいとき、スタートと同時にクロノグラフを始動させ、1㎞を通過した瞬間にストップボタンを押す。その際にクロノグラフ針が指すタキメーターの目盛りが平均速度となる。

ひげゼンマイ

テンプに装着された細いひげ状のゼンマイ。弾力があり、アンクルから伝達された反復運動を、その弾力を利用して一定の振動周期に変換し、テンプを動かす。

クォーツ

水晶振動子を時間調速に用いた電子式ムーブメント。機械式に比べ圧倒的な高精度を持つ。

慣性モーメント

機械式時計では、主にテン輪の慣性モーメントを指し、その場合の単位はmg・㎠。重量と形状（特に半径）が関係し、軽く小さいほど回りやすく、重く大きいほど回りにくい。一般的に、振動数が同じなら、テン輪が大きいほど慣性モーメントは大きく、テン輪が小さいほど慣性モーメントは小さくなる。

マイクロローター

自動巻きのローターを小さくしたうえで、ブリッジと同じ階層に置いたもの。ムーブメントの高さを抑える利点がある。

クロノグラフ

1本以上の針を始動・停止・再始動・リセットできる経過時間測定用計器のこと。すなわちストップウォッチ機能付きの時計。

夜行塗料

夜間でも光る塗料のこと。外部からの光を蓄えて発光するものを蓄光塗料と呼ぶ。現在一般的に普及しているのは、蓄光塗料のスーパールミノバ（N夜光）。

フライバック・クロノグラフ

クロノグラフの計測中にリセットボタンを押すと、クロノグラフ秒針が瞬時にゼロに飛んで帰り、次の計測を開始する特殊な機能。何度も続けて行う場合などには抜群の操作性を発揮する。

積算計

測定量を時間的、または一定量ごとに区切り、これらを加算して総量を示す計器。電力やガス、水道のメーターなどが該当するが、時計ではクロノグラフに搭載されている経過時間表示（クロノグラフ針、30分計、12時間計など）を指す。

輪列

互いに噛み合って連動する歯車やカナなどから構成される伝達機構。香箱から四番車までの増速輪列（表輪列）はその代表格。ギア・トレインともいう。

マニュファクチュール

自社一貫生産体制を持つ時計メーカーのこと。最近ではムーブメントを自社で製造するメーカーという意味で使われる。

回転ベゼル

回転するベゼルのこと。ダイバーズウォッチのＩＳＯとＪＩＳ規格には、回転するベゼルと、そこに分表示を設けることが定められている。

協力ブランド

■オメガ
■A.ランゲ&ゾーネ
■ユリス・ナルダン(ソーウインド ジャパン)
■ジャガー・ルクルト
■IWC
■フランク ミュラー(ワールド通商)
■パテック フィリップ(パテック フィリップ ジャパン)
■ロジェ・デュブイ
■セイコー(セイコーウオッチ)
■ブランパン
■ジラール・ペルゴ(ソーウインド ジャパン)
■オーデマ ピゲ(オーデマ ピゲ ジャパン)
■ブレゲ
■ヴァシュロン・コンスタンタン
■パネライ
■ウブロ(LVMHウォッチ・ジュエリー ジャパン ウブロ)
■リシャール・ミル(リシャールミルジャパン)
■グラスヒュッテ・オリジナル
■ブライトリング(ブライトリング・ジャパン)
■H.モーザー(エグゼス)
■グランドセイコー(セイコーウオッチ)
■F.P.ジュルヌ(モントル・ジュルヌ・ジャポン)
■ピアジェ
■ゼニス(LVMHウォッチ・ジュエリー ジャパン ゼニス)
■ボール ウォッチ(ボール ウォッチ・ジャパン)
■ロンジン
■エベラール(エベラール・ジャパン)
■コルム(ジーエムインターナショナル)
■フレデリック・コンスタント
■ジン(ホッタ)

主な参考文献

時計Begin 2001 AUTUMN

時計Begin 2003 WINTER

時計Begin 2008 AUTUMN

時計Begin 2009 SUMMER

時計Begin 2009 WINTER

時計Begin 2010 AUTUMN

時計Begin 2022 SPRING

時計Begin 2024 WINTER

スーパーアイテム叢書⑤
クロノグラフのパイオニア　ブライトリング

超本格クロノグラフ大全

傑作腕時計大全2011-2012

髙木教雄（たかぎ のりお）

ライター。大学では機械工学を学ぶ。1990年代後半から時計を取材対象とし、時計専門誌やライフスタイルマガジンなどで執筆。スイスで開催される新作時計発表会に加え、技術者のインタビューやファクトリー取材を積極的に行う。時計業界では珍しい理系ライターで、難解な機械式時計の機構をわかりやすく解説することにかけては随一。本書のシリーズとして『腕時計のしくみ』および『腕時計のしくみ【複雑時計編】』も上梓。

STAFF LIST

編集　市塚忠義
　　　中里 靖（世界文化社）
デザイン　下舘洋子（ボトムグラフィック）
校正　安藤 栄／西村 緑
イラスト　ウエイド

ビジュアルで身につく「大人の教養」
世界一わかりやすい
腕時計のしくみ
【人気ブランド 傑作モデル編】

発行日　2025年2月5日　初版第1刷発行

著者　髙木教雄
発行者　岸 達朗
発行　株式会社世界文化社
　　　〒102-8187
　　　東京都千代田区九段北4-2-29
　　　電話 03(3262)5124(編集部)
　　　　　 03(3262)5115(販売部)

印刷・製本　中央精版印刷株式会社

ISBN 978-4-418-25202-2